职业教育物联网应用技术专业系列

C#物联网应用程序开发

主　编　杨文珺　王志杰

副主编　李　萍　马春艳　平　毅

　　　　程道凤　刘华威　邹梓秀

参　编　陈　胜　陈　燊　周友金

　　　　魏　尊　黄敏恒　罗明东

机械工业出版社

本书是全国职业院校技能大赛赛项成果转化教材,吸纳教学一线教师的教学经验和技能大赛合作企业的开发成果,具有通俗易懂、内容精练、重点突出、层次分明、实例丰富的特点。

本书基于 Visual Studio 2012,以"小区物业监控系统"为例,重点演示采用"Visual C# WPF 应用程序"开发整个系统的完整过程,帮读者掌握物联网应用系统开发中的思路、方法和常用技术。全书共 8 章,包括 WPF 开发简介、WPF 界面布局与控件、WPF 图形和多媒体开发、数据库操作、I/O 操作、使用 ASP.NET 构建 Web 应用程序、网络编程、综合应用开发,每一章都根据教学需要配备了典型的实用案例。

本书可作为各类职业院校物联网应用技术、计算机及相关专业的教材,也可作为物联网应用程序开发的培训教材,以及软件开发人员的工具书籍。

本书配有电子课件、源代码、驱动程序、模块电路图和教学大纲,选用本书作为教材的教师可以从机械工业出版社教育服务网(www.cmpedu.com)免费注册下载或联系编辑(010-88379194)咨询。

本书还配有二维码视频,读者可扫码进行观看。

图书在版编目(CIP)数据

C#物联网应用程序开发 / 杨文珺,王志杰主编. —北京:机械工业出版社,2016.9
(2021.1重印)

职业教育物联网应用技术专业系列教材

ISBN 978-7-111-54590-3

Ⅰ. ①C… Ⅱ. ①杨… ②王… Ⅲ. ①C语言—程序设计—职业教育—教材 ②互联网络—应用—职业教育—教材 ③智能技术—应用—职业教育—教材 Ⅳ. ①TP312.8 ②TP393.4 ③TP18

中国版本图书馆CIP数据核字(2016)第193886号

机械工业出版社(北京市百万庄大街22号 邮政编码100037)

策划编辑:梁 伟 责任编辑:梁 伟 陈瑞文
版式设计:鞠 杨 责任校对:马立婷
封面设计:鞠 杨 责任印制:李 昂

北京机工印刷厂印刷

2021年1月第1版第7次印刷

184mm×260mm·22印张·505千字

13 501—16 000册

标准书号:ISBN 978-7-111-54590-3

定价:56.00元

电话服务 网络服务

客服电话:010-88361066 机 工 官 网:www.cmpbook.com
         010-88379833 机 工 官 博:weibo.com/cmp1952
         010-68326294 金 书 网:www.golden-book.com
封底无防伪标均为盗版 机工教育服务网:www.cmpedu.com

职业教育物联网应用技术专业系列教材编写委员会

参与编写学校：

福州大学	山东大学
北京邮电大学	福建师范大学
江南大学	太原科技大学
天津中德应用技术大学	浙江科技学院
闽江学院	安阳工学院
福建信息职业技术学院	无锡职业技术学院
重庆电子工程职业学院	武汉软件工程职业学院
山东交通职业学院	辽宁轻工职业学院
河源职业技术学院	广东理工职业技术学院
广东省轻工职业技术学校	佛山职业技术学院
广西电子高级技工学校	合肥职业技术学院
安徽电子信息职业技术学院	威海海洋职业学院
上海电子信息职业技术学院	上海商学院高等技术学院
上海市贸易学校	河南经贸职业学院
顺德职业技术学院	河南信息工程学校
青岛电子学校	山东省淄博市工业学校
山东省潍坊商业学校	济南信息工程学校
福州机电工程职业技术学校	嘉兴技师学院
北京市信息管理学校	江苏信息职业技术学院
温州市职业中等专业学校	开封大学
浙江交通职业技术学院	常州工程职业技术学院
安徽国际商务职业学院	上海中侨职业技术学院
长江职业学院	北京电子科技职业学院
广东职业技术学院	北京市丰台区职业教育中心学校
福建船政交通职业学院	湖南现代物流职业技术学院
北京劳动保障职业学院	闽江师范高等专科学校
河南省驻马店财经学校	

前言
▶ PREFACE

通过本书的学习，读者可以具备使用C#进行物联网应用系统代码编写、修改、测试的能力，可以从事C#开发工程师、测试工程师、系统维护工程师等具有广阔市场前景的工作。在目前职业院校开设的"可视化程序设计"课程中，C#语言也是作为专业课程教学的主要方向。

本书适于"案例驱动"教学模式。全书始终贯穿一个物联网应用开发实例——"小区物业监控系统"，每章为一类独立的技术应用，学习前首先使读者了解这一章所学习的内容在整个大系统中的作用和地位，以及会用到哪些技术，其次才会对整章的知识点逐一进行讲述。而且，每一知识点都配备了典型的案例。

本书整合物联网应用技术专业与软件技术专业课程的教学需求。以往物联网应用技术开发偏硬件，而本书偏软件，涉及的基于C#物联网编程技术较为全面。每种技术都与物联网关系紧密，且有详细的案例应用，案例之间相互独立而又有联系，按照章节的需要又可以整合成一个大系统。这样不管对指导学生参加技能大赛还是进行项目开发都有好处。

全书共8章，第1～3章讲述WPF开发基础，第4章讲述数据库开发技术，第5章讲述常用I/O编程技术，第6章讲述ASP.NET，第7章讲述网络编程，第8章讲述综合应用开发等内容。各章知识点与案例见下表：

序号	章	知识点	案例
1	WPF开发简介	WPF的结构	LED显示
2	WPF界面布局与控件	WPF界面布局；WPF控件	用户登录，用户注册界面
3	WPF图形和多媒体开发	WPF图形；动画多媒体	用WPF绘制温度折线图和直方图；车辆沿轨迹运动的动画
4	数据库操作	ADO.NET；数据源控件；数据绑定控件；对实体数据模型进行数据库操作；LINQ	用户登录；注册；信息查询；系统设置
5	I/O操作	串口；BinaryReader；MemoryStream	串口助手；摄像头取到图片并放到数据库；数据库读取数据并转换成图片
6	使用ASP.NET构建Web应用程序	ASP.NET；IIS	Web版登录；注册；信息查询；IIS网站发布
7	网络编程	TCP和UDP；Socket；HTTP；Web Service；XML序列化和反序列化；JSON序列化和反序列化；ashx	局域网聊天室；报警信息推送
8	综合应用开发	环境监测；用户卡信息管理；门口路灯；社区安防；公共广播；系统设置；门口监控；远程风扇	综合程序

教学建议:

建议高等职业院校安排80学时,中等职业学校安排64学时。对于中等职业学校学生,*部分内容概念性了解即可,有能力的学生可自行安排学习。具体教学建议如下:

章节	中职（64）学时		高职（80）学时	
	理论	实践	理论	实践
第1章 WPF开发简介	2	2	2	2
第2章 WPF界面布局与控件	4	4	4	4
第3章 WPF图形和多媒体开发	6	6	6	6
第4章 数据库操作	6	6	4	4
第5章 I/O操作	6	6	6	6
第6章 使用ASP.NET构建Web应用程序	4	4	4	4
第7章 网络编程*	2	2	8	8
第8章 综合应用开发*	2	2	6	6
合计	32	32	40	40

本书由无锡职业技术学院的杨文珺、安阳工学院的王志杰任主编,无锡职业技术学院的李萍、辽宁轻工职业技术学院的马春艳、无锡职业技术学院的平毅、合肥职业技术学院的程道风、河南省驻马店财经学校的刘华威、北京新大陆时代教育科技有限公司的邹梓秀任副主编,参加编写的还有陈胜、陈燊、周友金、魏尊、黄敏恒和罗明东。杨文珺、王志杰确定教材大纲,规划各章节内容;杨文珺、刘华威编写了第3章、第5章和第7章;李萍编写了第4章和第6章;马春艳、刘华威编写了第1章和第2章;平毅编写了第8章。北京新大陆时代教育科技有限公司邹梓秀完成了综合案例的开发。

主编杨文珺是多次指导江苏省物联网技能大赛和全国职业院校技能大赛高职组"物联网应用技术"赛项的优秀指导教师,并且带领学生多次在大赛中获得一、二等奖。

由于编者水平有限,书中难免存在不足和错误,恳请广大读者批评指正。

编 者

二维码索引

序号	任务名称	图形	页码
1	3.2　WPF动画		63
2	3.3　WPF多媒体		72
3	5.1　串口的操作		129
4	6.2　IIS的配置和使用		177
5	7.1　TCP和UDP		203
6	7.4　Web Service		233

▶ CONTENTS

CONTENTS

Chapter 1

第①章

WPF开发简介

本书以小区物业监控系统为案例，重点演示整个系统开发的完整过程，并把所用到的知识点碎片化，且配有单独的实例，让读者掌握物联网应用系统开发中的思路、方法和常用技术。内容学完后将实现图1-1所示的系统。为了便于单项练习，章节组织以系统中用到的知识点为序，先会给出本章的典型应用在整个系统中所处的位置以及相应的应用，然后再进行学习。

本章主要是让读者熟悉项目的开发环境。为了引起读者的兴趣，采用了一个在系统中"社区安防"模块下实现的LED显示案例来完成入门工作。这一模块在系统中的位置如图1-1阴影所示。

要完成这个模块，读者必须先熟悉系统的主要开发工具Visual Studio 2012的开发环境、软件中的WPF开发功能，以及WPF的基本概念等。最后给出了典型应用"LED信息显示"案例的具体实现过程。

学习本章应把注意力放在WPF应用程序的创建过程上，并注意程序的调试，为后续章节的学习打好基础，以对整个系统的开发过程有简单的了解。

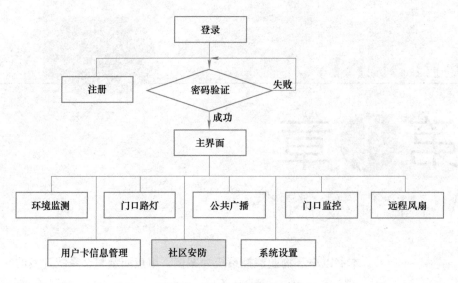

图1-1　第1章相关模块示意

📌 本章重点

- 了解Visual Studio 2012开发环境。
- 掌握WPF的结构。
- 掌握创建WPF应用程序的步骤。

📌 典型案例

使用WPF开发小区物业监控系统，实现把用户输入的文字显示在LED显示屏上。

小区物业监控系统中，LED显示界面如图1-2所示。

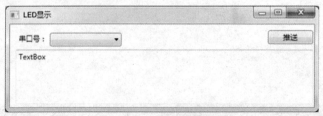

图1-2　LED显示界面

在这个简单的综合案例中，会涉及WPF应用程序的创建以及WPF基本控件的使用等基础知识。下面先学习这些知识点，然后开始本案例的编程实现。

1.1 WPF简介

WPF（Windows Presentation Foundation，Windows呈现基础）是基于DirectX的新一代开发技术，利用XAML（应用程序扩展语言）做界面描述，后台采用各种.NET语言作为业务逻辑开发。

程序员在WPF的帮助下，要开发出酷炫界面已不再是遥不可及的奢望。WPF相对于Windows客户端的开发来说，向前跨出了巨大的一步，它提供了非常丰富的.NET用户界面框架，集成了矢量图形，丰富的流动文字支持，3D视觉效果和强大无比的控件模型框架。

1.2 XAML

XAML（extensible Application Markup Language，可扩展应用程序标记语言）是微软公司为构建应用程序用户界面而创建的一种新的描述性语言。XAML提供了一种便于扩展和定位的语法来定义与程序逻辑分离的用户界面，而这种实现方式和ASP.NET中的"代码后置"模型非常类似。XAML是一种解析性的语言，尽管它也可以被编译。它的优点是简化编程上的用户创建过程，应用时要添加代码等。

WPF借助XAML来利用标记，而不是编程语言来构造精美逼真的用户界面。可以通过定义控件、文本、图像、形状、动画等各种元素，完全采用XAML来制作详尽的用户界面文档。由于XAML是声明性语言（类似于HTML），因此如果需要向应用程序中添加运行时逻辑，则需要添加代码。

如果应用程序仅使用XAML，则不仅可以创建并动态显示用户界面元素，还可以对这些元素加以配置，使其以受限方式响应应用用户输入（通过使用事件触发器）。XAML应用程序的代码存储在不同于XAML文档的单独文件中。这种将用户界面设计与基础代码相脱离的方式，使得开发人员和设计人员能够更加密切地合作，完成同一个项目，而不会延误各自的进度。

1.3 WPF结构

本节从WPF的总体结构和类结构两个方面分析学习WPF架构。

1．WPF总体结构

WPF使用一个多层的体系结构。在顶层，应用程序和一个完全由托管的C#代码编写的一组高层服务进行交互。将.NET对象转换为Direct3D纹理和三角形的实际工作，是在后台由一个名为milcore.dll的低级的非托管组件完成的。milcore.dll是使用非托管代码实现的。因为它需要和Direct3D紧密集成，而且它对性能非常敏感。WPF体系结构如图1-3所示。

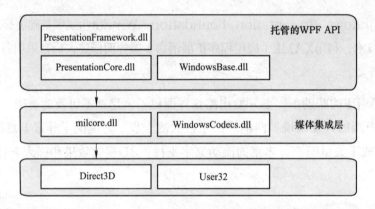

图1-3　WPF体系结构

1）PresentationFramework.dll：包含了WPF的顶层类型，包括表示窗口、面板以及其他类型控件的类型，还实现了高层编程抽象，如样式。开发人员使用的大部分类都来自这个程序集。

2）PresentationCore.dll：包含了基础类型，如UIElement和Visual类，所有形状类和控件类都继承自这两个类。

3）WindowsBase.dll：包含类的更多基本要素，这些要素具有在WPF之外重用的潜能。

4）milcore.dll：WPF渲染系统的核心，也是媒体集成层的基础。其合成引擎将可视化元素转换为Direct3D所期望的三角形和纹理。它也是Windows Vista和Windows 7的一个核心组件。实际上，桌面窗口管理器使用milcore.dll渲染桌面。

5）WindowsCodecs.dll：是一套提供图像支持的低级API。例如，处理、显示以及缩放位图和JPEG图像。

6）Direct3D：是一套低级API，WPF的所有图形都由它来进行渲染。

7）User32：决定程序实际占有桌面的部分。

2．WPF类结构

WPF架构定义的类比较多，这里介绍主要类。WPF类的层次结构如图1-4所示。

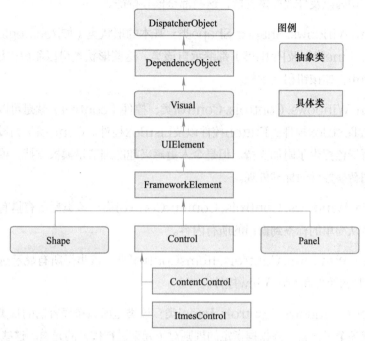

图1-4　WPF类的层次结构

1）System. Threading. DispatcherObject类：WPF 中的大多数对象是从 DispatcherObject 派生的，它提供了用于处理并发和线程的基本构造。WPF 基于调度程序实现消息系统。

2）System. Windows. DependencyObject类：在WPF中，和屏幕上的元素进行交互的主要方式是通过属性来实现。在早期设计阶段，WPF设计者决定创建一个更加强大的属性模型，该模型支持许多特性，例如，更改通知、默认值继承以及更高效的属性保存。该模型的最终结果就是依赖项属性（dependency property）特性。通过继承自DependencyObject类，WPF类可以获得对依赖项属性的支持。

3）System. Windows. Media. Visual类：在WPF应用程序中显示的每个元素，在本质上都是一个Visual对象。可以将Visual类看作一个图形对象，它封装了绘图指令、如何执行绘图的额外细节（如剪裁、透明度以及变换设置），以及基本功能（如命中测试）。

4）System. Windows. UIElement类：该UIElement类为WPF的本质特征提供支持，如布局、输入、焦点以及事件。在该类中，原始的鼠标单击和按键操作被转换为更有用的事件，如MouseEnter。和属性一样，WPF实现了一个增强的称为路由事件（routed event）的事件路由系统。

5）System. Windows. FrameworkElement类：此类是WPF核心继承树中的最后一站。它实现了一些由UIElement类定义的成员（在UIElement类中只是定义了这些成员而没有实现）。例如，UIElement类为WPF布局系统设置变换，但是FrameworkElement类提供了支持变换的关键属性（如Horizontal Alignment属性和Margin属性）。UIElement类还为数据绑定、动画以及样式提供支持，这些都是核心特征。

6）System. Windows. Shapes. Shape类：基本的形状类（如Rectangle类、Polygon类、Ellipse类、Line类以及Path类）都继承自该类。这些形状类可以和更传统的Windows装饰控件一起使用，如按钮和文本框。

7）System. Windows. Controls. Control类：控件（control）就是可以和用户交互的元素。控件包括TextBox控件、Button控件以及ListBox控件。Control类为设置字体样式，以及前景色与背景色提供了附加支持。但是令人更感兴趣的细节是模板支持，模板支持使用自定义风格的绘图替换控件的标准外观。

8）System. Windows. Controls. ContentControl类：该类是所有具有单一内容控件的基类。它包括从简单的标签到窗口的所有内容。

9）System. Windows. Controls. ItemsControl类：该类是所有显示选项集合的控件的基类，如ListBox控件和TreeView控件。

10）System. Windows. Controls. Panel类：该类是所有布局容器的基类。布局容器是可以包含一个或多个子元素，并根据指定的规则对子元素进行排列的元素。这些容器是WPF布局系统的基础，并且使用它们可能是以最富有吸引力、最灵活的方式安排内容的关键。

1.4　新建WPF程序

新建WPF程序可以按以下流程：①新建工程；②添加引用；③界面布局；④引用命名空间；⑤程序编写；⑥调试测试。

【例1-1】创建一个WPF程序，编写LED显示的程序过程，如图1-5所示。

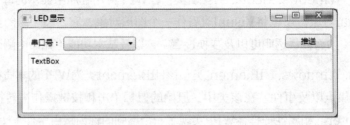

图1-5　第一个WPF应用程序

操作步骤如下：

1）运行Visual Studio 2012（VS 2012），新建"Demo_1"WPF应用程序。

2）为创建的"Demo_1"项目添加设备操作类库文件：ICS. Acquisition. dll、ICS. Common. dll和ICS. Models. dll。

3）向默认的界面MainWindow.xaml布局控件，代码如下：

```xml
<Window x:Class="Demo_1.MainWindow"
        xmlns="http://schemas.microsoft.com/winfx/2006/xaml/presentation"
        xmlns:x="http://schemas.microsoft.com/winfx/2006/xaml"
        Title="LED 显示" Height="172.989" Width="525" Loaded="Window_Loaded_1">
    <Grid x:Name="x">
        <Label Content="串口号：" HorizontalAlignment="Left" Margin="10,10,0,0"
VerticalAlignment="Top"/>
        <ComboBox x:Name="cboPortName" HorizontalAlignment="Left" Margin="68,14,0,0"
VerticalAlignment="Top" Width="120"/>
        <TextBox x:Name="txtLedText" HorizontalAlignment="Left" Height="89"
Margin="10,41,0,0"
TextWrapping="Wrap" Text="TextBox" VerticalAlignment="Top" Width="497"/>
        <Button x:Name="btnPut" Click="btnPut_Click_1" Content="推送" HorizontalAlignment="Left"
Margin="432,10,0,0" VerticalAlignment="Top" Width="75"/>
    </Grid>
</Window>
```

4）在"MainWindow.xaml.cs"中添加如下代码：

```csharp
namespace Demo_1
{
    public partial class MainWindow : Window
    {
        public MainWindow()
        {
            InitializeComponent();
        }
        private void Window_Loaded_1(object sender, RoutedEventArgs e)
        {
            //获取本机串口名，并且赋值给下拉列表框控件
            cboPortName.ItemsSource = System.IO.Ports.SerialPort.GetPortNames();
            if (cboPortName.Items.Count>0)
            {
                cboPortName.SelectedIndex = 0;
            }
        }
        private void btnPut_Click_1(object sender, RoutedEventArgs e)
        {
            //实例化LED播放类
            LEDLibrary.LEDPlayer led = new LEDLibrary.LEDPlayer(cboPortName.Text);
            //显示文本
            led.DisplayText(txtLedText.Text);
            led.Close();
```

```
        }
      }
   }
```

5）将LED串口直接接在计算机串口上，并正确供电。

6）运行该程序，单击"推送"按钮，仔细观察LED显示屏上显示的文字。

1.5 小结

本章主要介绍了WPF基本概念以及Visual Studio 2012开发环境的使用。本章首先分析在整个小区物业监控系统中"WPF开发"有什么样的应用？在哪些地方会出现这些应用？接下来，分别介绍WPF基本概念；Visual Studio 2012开发环境的使用。最后对一个简单的小区物业监控系统中应用的LED信息显示案例进行了基础实例演示。

学习这一章应把注意力放在WPF应用程序的创建过程上，并注意程序的调试，为后续章节的学习打好基础。

1.6 习题

1. 简答题

1）理解XAML的基本语法，并举例进行说明。

2）使用Visual Studio 2012开发环境创建WPF应用程序时，项目保存的默认位置在哪里？

2. 操作题

创建第一个WPF应用程序，在窗口中显示"大家好！"，运行界面如图1-6所示。

图1-6 运行界面

Chapter 2

第章

WPF界面布局与控件

通过上一章的学习，读者已经知道了整个"小区物业监控系统"包括很多模块，每个模块的开发都包括界面制作和代码编写两部分。

本章主要是帮助读者熟悉界面的开发过程。为了使读者有兴趣，本章的典型案例使用"小区物业监控系统中的用户登录"和"注册功能界面的开发"。系统中其他模块的开发与其类似，具体相关模块如图2-1阴影所示。

要完成这个实例，必须先熟悉界面的布局和控件的使用功能，主要是对WPF界面布局以及基本控件的使用，具体包括画布的使用、堆叠面板的知识点、文本框的使用、单选按钮的使用、DatePicker控件的使用、自定义控件的使用等。最后给出典型应用"登录、注册功能界面"案例的具体实现过程。

学习本章应把重点放在WPF控件的使用上，本章系统中所涉及的其他界面开发定制也应该相应地完成。

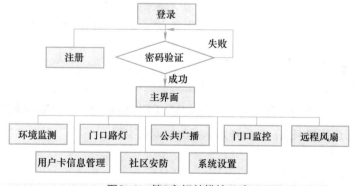

图2-1　第2章相关模块示意

本章重点

- 熟悉WPF的控件模型和内容模型。

- 掌握常用布局控件的用法。

- 掌握常用基本控件的用法。

- 编写程序创建自定义控件。

典型案例

案例描述

使用WPF开发小区物业监控系统，实现用户登录、注册功能。

案例结果

小区物业监控系统中，用户登录、注册界面如图2-2所示。

图2-2　用户登录、注册界面

案例准备

在这个简单的综合案例中，会涉及WPF界面布局、WPF基本控件的使用等基础知识。下面先学习这些知识点，然后开始本案例的编程实现。

2.1　WPF界面布局

在应用程序界面的设计中，合理的元素布局至关重要，它可以方便用户使用，并将信息合理地展现给用户。WPF提供了一套功能强大的工具——面板（Panel），来控制用户界面的布局。用于布局的面板主要有画布（Canvas）、网格（Grid）、堆叠面板

（StackPanel）、停靠面板（DockPanel）、环绕面板（WrapPanel）等。

1．Canvas（画布）

Canvas用于定义一个区域，称为画布，完全控制每个元素的精确位置。它是布局控件中最为简单的一种，直接将元素放在指定位置。使用Canvas时，必须指定一个子元素的位置（相对于Canvas），否则所有元素都将出现在Canvas的左上角。Canvas的左上角坐标为（0，0），向右为x轴正方向，向下为y轴正方向。常用属性如下：

（1）Left和Top属性

指定子元素相对于Canvas容器左上角的位置，Left表示x轴坐标，Top表示y轴坐标。

（2）ZIndex属性

该属性也叫Z顺序，即三维空间中沿Z轴排列的顺序。利用该属性可以设置Canvas内子元素的叠加顺序，默认值为0。ZIndex值大的元素会暂时覆盖ZIndex值小的元素。

（3）ClipToBounds属性

当绘制内容超出Canvas界限时，设置为true表示超出的部分被自动剪裁，false表示不剪裁。

【例2-1】新建一个"Demo_2"WPF应用程序项目，在画布上放置两个文本框。程序运行结果如图2-3所示。

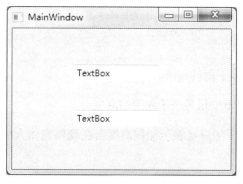

图2-3　程序运行结果

操作步骤如下：

1）新建一个"Demo_2_1"WPF应用程序项目。

2）删除原来窗体上的Grid，从工具箱中找到Cancas控件，拖入窗体中，并设置背景颜色。

3）在画布上拖入两个TextBox控件，在"MainWindow.xaml"中添加如下代码：

```
<Window x:Class="Demo_2_1.MainWindow"
```

```
xmlns="http://schemas.microsoft.com/winfx/2006/xaml/presentation"
xmlns:x="http://schemas.microsoft.com/winfx/2006/xaml"
Title="MainWindow" Height="230" Width="321">
<Canvas HorizontalAlignment="Left" Width="316" Background="{DynamicResource {x:Static
SystemColors.ControlLightBrushKey}}" Margin="0,0,-3,-2">
    <TextBox Height="23" Canvas.Left="85" TextWrapping="Wrap" Text="TextBox" Canvas.Top="49"
Width="120"/>
    <TextBox Height="23" Canvas.Left="85" TextWrapping="Wrap" Text="TextBox" Canvas.Top="111"
Width="120"/>
</Canvas>
</Window>
```

注意：虽然Canvas用起来相对直观，但其缺点是无法自动调整大小，因此在大小可变的窗口中，特别是浏览器窗口，用Canvas作为顶级布局容器通常不是明智的选择。从使用的角度看，由于网格和堆叠面板支持内容的重新排列，可以发挥最大的布局灵活性，因此在开发时应尽量选用这些动态布局控件。

但是，如果控件位置和大小都是固定不变的，则还是用Canvas布局最方便、直观。

2．Grid（网格）

Grid是最常用的动态布局控件之一，也是所有动态布局控件中唯一可按比例动态调整分配空间的控件。在默认情况下，在WPF设计器中，打开每个新窗口，其中都包含一个Grid控件。该控件很像网页中的表格，需要定义行、列，划分单元格坐标从（0，0）开始。常用属性如下：

（1）Height属性

指定Grid的高度，有以下两种写法。

1）Height="60"：不加星号表示固定的高度。

2）Height="60*"：加星号表示加权高度，在调整窗体大小时，此高度会按窗体大小改变的比例进行缩放。

（2）Width属性

指定Grid宽度，写法与Height属性一致。

（3）Row和Column属性

指定子元素所在的行和列。在C#代码中，使用Grid.SetRow方法和Grid.SetCol方法指定子元素所在的行和列。

（4）RowSpan属性

使子元素跨多行。例如，Grid.RowSpan="2"表示跨两行。

（5）ColumnSpan属性

使子元素跨多列。例如，Grid.ColumnRowSpan="2"表示跨两列。

3．StackPanel（堆叠面板）

堆叠面板也叫栈面板，可以将元素排列成一行或一列。没有重叠的时候称为排列，有重叠的时候称为堆叠。常用属性为Orientation属性，表示排列或堆叠的方向，默认为Vertical（纵向），如果希望横向排列则需要设置为"Horizontal"。

在实际应用中，一般先用Grid将整个界面划分为需要的行和列，然后将StackPanel放在某个单元格内，再对StackPanel内的多个子控件进行排列或堆叠。

【例2-2】演示StackPanel的基本用法，其运行结果如图2-4所示。

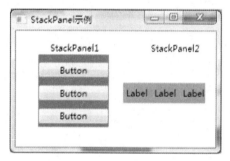

图2-4　StackPanel运行结果

操作步骤如下：

1）新建一个"Demo_2_2"WPF应用程序项目。

2）把Grid分为两列，从工具箱中找到StackPanel控件，拖入窗体中，并设置背景颜色。把第二个StackPanel控件的Orientation属性设置为"Horizontal"。

3）在第一个StackPanel上拖入3个Button控件，在第二个StackPanel上拖入3个Label控件。在"MainWindow.xaml"中添加如下代码：

```xml
<Window x:Class=" Demo_2_2.MainWindow"
        xmlns="http://schemas.microsoft.com/winfx/2006/xaml/presentation"
        xmlns:x="http://schemas.microsoft.com/winfx/2006/xaml"
        Title="StackPanel示例" Height="199" Width="300">
    <Grid HorizontalAlignment="Left" Height="206" VerticalAlignment="Top" Width="292"
Margin="0,0,0,-3">

        <Grid.ColumnDefinitions>
            <ColumnDefinition Width="71*"/>
```

```
          <ColumnDefinition Width="75*"/>
        </Grid.ColumnDefinitions>
        <StackPanel HorizontalAlignment="Left" Height="100" Margin="32,33,0,0" VerticalAlignment="Top"
Width="100" Background="{DynamicResource {x:Static SystemColors.GrayTextBrushKey}}">
            <Button Content="Button" Margin="0,10"/>
            <Button Content="Button" Margin="0,0,0,10"/>
            <Button Content="Button"/>
        </StackPanel>
        <StackPanel Grid.Column="1" HorizontalAlignment="Left" Height="28" Margin="10,72,0,0"
VerticalAlignment="Top" Width="117" Orientation="Horizontal" Background="{DynamicResource
{x:Static SystemColors.HighlightBrushKey}}">
            <Label Content="Label"/>
            <Label Content="Label"/>
            <Label Content="Label"/>
        </StackPanel>
        <Label Content="StackPanel1" HorizontalAlignment="Left" Margin="44,10,0,0"
VerticalAlignment="Top"/>
        <Label Content="StackPanel2" Grid.Column="1" HorizontalAlignment="Left" Margin="45,10,0,0"
VerticalAlignment="Top"/>
    </Grid>
</Window>
```

4. DockPanel（停靠面板）

可以将面板的某一边指定给每个元素，当面板大小发生变化时，该面板内的子元素将根据指定的边进行停靠。常用属性如下：

（1）LastChildFill属性

该属性默认为true，表示DockPanel的最后一个子元素始终填满剩余的空间。如果DockPanel只有一个子元素，此时由于它同时也是最后一个元素，则默认会填DockPanel空间。如果将该属性设置为false，则必须为最后一个子元素显示指定停靠方向。

（2）Dock属性

当DockPanel有多个子元素时，每个子元素都可以使用该属性指定其在父元素中的停靠方式。

5. WrapPanel（环绕面板）

当元素布局到达边界时，可以自动换行。用法与StackPanel一样，这里不再赘述。

2.2 WPF控件

下面开始学习WPF中常用基本控件的用法。

1．TextBox（文本框）

TextBox控件用于显示或编辑纯文本字符。常用属性如下：

1）Text属性：用于显示文本。

2）MaxLength属性：用于指示文本框中输入的最大字符数。

3）TextWrapping属性：用于控制是否自动转到下一行。当其值为"Wrap"时，该控件可以自动扩展以容纳多行文本。

4）BorderBrush属性：用于设置边框颜色。

5）BorderThickness属性：用于设置边框宽度，如果不希望该控件显示边框，则将其设置为0即可。

TextBox控件的常用事件是TextChanged事件。

2．Label（标签）

Label（标签）用来显示文本内容，可以为其他控件，如文本框等，添加一些描述性的信息。常用属性为Content，表示要显示的文本。

在XAML中的语法格式示例如下：

```
<Label Content="姓名"/>
```

在C#中的语法格式示例如下：

```
Label my = new Label();
my.Content = "姓名";
grid1.Children.Add(my);
```

3．Button（按钮）

Button是最基本的控件之一，允许用户通过单击它来执行操作。Button控件既可以显示文本，又可以显示图像。当按钮被单击时，它看起来像是被按下，然后被释放。每当用户单击按钮时，即调用Click事件处理程序。常用属性如下：

1）Content属性：获取或设置按钮上的文本。

2）IsEnabled属性：指示控件是否可用，默认值为True。如果为False，则表示控件不可用，文本显示灰色。在程序中使用时，如果满足一定的条件，把该属性设置为True，则控件又可以正常使用了，这样可以控制用户的使用权限和操作次序。

【例2-3】制作登录界面，要求用户输入的用户名和密码的长度不超过10个字符。如果输入的用户名长度大于等于10，则当光标从用户名文本框移走时，就会提示用户名输入有误；如果输入的密码长度大于等于10，则当光标从密码文本框移走时，就会提示密码输入有误，运行效果如图2-5所示。

图2-5 验证文本框输入的长度

操作步骤如下：

1）新建一个"Demo_2_3"WPF应用程序项目。

2）设置窗体的Title属性为"用户登录"，把Grid分为3行3列，在工具箱中找到Label控件，拖入到窗体上，并设置Content属性值分别为"用户名："和"密码："。

3）向窗体中添加一个TextBox控件和一个PasswordChar控件，分别命名为"txtName"和"txtPass"。

4）向窗体中添加两个Label控件，命名为"LabUser"和"LabPass"。

5）向窗体中添加两个按钮，命名为"btnLogin"和"btnCancel"，并设置Content属性分别为"登录"和"取消"。

6）选中"用户名"文本框，在"属性"窗口中选中TextChanged事件，双击进入事件处理程序，添加如下代码：

```csharp
private void TextBox_TextChanged(object sender, TextChangedEventArgs e)
{
    if (txtName.Text.Length < 10) //判断用户输入的文本框长度是否小于10
    {
        labUser.Content = "";
    }
    else
    {
        labUser.Content = "用户名长度要小于10！"; //在标签上显示提示信息
        txtName.Focus(); //用户名文本框获取焦点
    }
}
```

7）选中"密码"文本框，在"属性"窗口中选中PasswordChanged事件，双击进入事件处理程序，添加如下代码：

```csharp
private void txtPass_PasswordChanged(object sender, RoutedEventArgs e)
```

```
        {
            if (txtPass.Password.Length < 10)
            {
                labPass.Content = "";
            }
            else
            {
                labPass.Content = "密码长度要小于10！";   //在标签上显示提示信息
                txtPass.Focus();   //密码文本框获取焦点
            }
        }
```

8）调试运行。

以上例子中涉及了PasswordChar控件，用来显示密码，其用法与TextBox控件相似。不同的是，显示密码用的是Password属性，相应的改变密码触发的事件变成了PasswordChanged。

4．RadioButton（单选按钮）

RadioButton一般用于从多个选项中选择一项。当用户选中一个单选按钮时，同一组的其他按钮不能再选定，即仅可以选择其中的一项。常用属性如下：

1）IsChecked属性：表示单选按钮是否被选中。默认为False，单选按钮上没有"·"表示没有被选中。此属性在代码编写过程中经常用作判断。当该属性值更改时，将引发Checked事件。例如：

```
if (r1.IsChecked==true)
            sex = "男";
    else
sex="女";
```

2）GroupName属性：设置同组单选按钮的名字。如果一个窗体中有多组单选按钮，则同组的按钮设置相同的名字。

RadioButton控件的常用事件为Checked事件，当IsChecked属性值更改时触发。

5．CheckBox（复选框）

CheckBox控件与RadioButton控件相似，不同的是，CheckBox控件不会互相排斥，用户可以在窗体上勾选一个或几个复选框。

复选框的常用事件如下：

1）Click属性：单击控件时触发。

2）Checked属性：当IsChecked属性值更改时触发。用户双击复选框，此事件为默认事件。

【例2-4】制作自动测试小程序，以单选题为例，要求用户提交答案后，立刻知道自己所得分数，界面如图2-6所示。

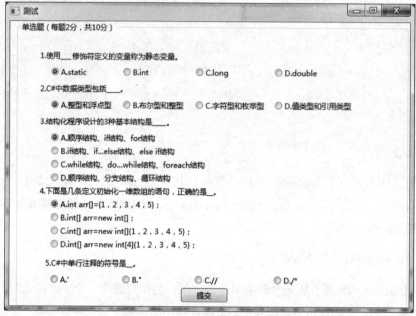

图2-6 自动测试小程序界面

操作步骤如下：

1）新建一个"Demo_2_4"WPF应用程序项目。

2）界面设计。设置窗体的Title为"测试"，参考图2-4设计程序界面，控件的各属性设置见表2-1，每一组选项都放在一个StackPanel中。

表2-1 控件详细设置

序号	控件类型	主要属性	属性值
1	GroupBox	Content	单选题（每题2分，共10分）
2	Label	Content	1. 使用＿＿＿＿修饰符定义的变量称为静态变量。
3	Label	Content	2. C#中数据类型包括＿＿＿＿。
4	Label	Content	3. 结构化程序设计的3种基本结构是＿＿＿＿。
5	Label	Content	4. 下面是几条定义初始化一维数组的语句，正确的是＿＿＿＿。
6	Label	Content	5. C#中单行注释的符号是＿＿＿＿。
7	RadioButton	Name	radExamOne1
		GroupName	r1
		Content	A.static
		IsChecked	True

（续）

序号	控件类型	主要属性	属性值
8	RadioButton	Name	radExamOne2
		GroupName	r1
		Content	B.int
9	RadioButton	Name	radExamOne3
		GroupName	r1
		Content	C.long
10	RadioButton	Name	radExamOne4
		GroupName	r1
		Content	D.double
11	RadioButton	Name	radExamTwo1
		GroupName	r2
		Content	A.整型和浮点型
		IsChecked	True
12	RadioButton	Name	radExamTwo2
		GroupName	r2
		Content	B.布尔型和整型
13	RadioButton	Name	radExamTwo3
		GroupName	r2
		Content	C.字符型和枚举型
14	RadioButton	Name	radExamTwo4
		GroupName	r2
		Content	D.值类型和引用类型
15	RadioButton	Name	radExamThree1
		GroupName	r3
		Content	A.顺序结构、if结构、for结构
		IsChecked	True
16	RadioButton	Name	radExamThree2
		GroupName	r3
		Content	B.if结构、if···else结构、else if结构
17	RadioButton	Name	radExamThree3
		GroupName	r3
		Content	C.while结构、do···while结构、foreach结构

（续）

序号	控件类型	主要属性	属性值
18	RadioButton	Name	radExamThree4
		GroupName	r3
		Content	D.顺序结构、分支结构、循环结构
19	RadioButton	Name	radExamFour1
		GroupName	r4
		Content	A. int arr[]={1，2，3，4，5};
		IsChecked	True
20	RadioButton	Name	radExamFour2
		GroupName	r4
		Content	B. int[] arr=new int[];
21	RadioButton	Name	radExamFour3
		GroupName	r4
		Content	C. int[] arr=new int[]{1，2，3，4，5};
22	RadioButton	Name	radExamFour4
		GroupName	r4
		Content	D. int[] arr=new int[4]{1，2，3，4，5};
23	RadioButton	Name	radExamFive1
		GroupName	r5
		Content	A.'
		IsChecked	True
24	RadioButton	Name	radExamFive2
		GroupName	r5
		Content	B."
25	RadioButton	Name	radExamFive3
		GroupName	r5
		Content	C. //
26	RadioButton	Name	radExamFive4
		GroupName	r5
		Content	D. /*
27	Button	Name	btnSubmit
		Content	提交

3）编写程序代码。在按钮控件"btnSubmit"上双击，进入单击事件代码窗口，输入如下代码：

```
private void btnSubmit_Click(object sender, RoutedEventArgs e)
    {
            int score = 0;
            if (radExamOne1.IsChecked==true)
                score += 2;
            if (radExamTwo4.IsChecked==true)
                score += 2;
            if (radExamThree4.IsChecked==true)
                score += 2;
            if (radExamFour3.IsChecked==true)
                score += 2;
            if (radExamFive3.IsChecked==true)
                score += 2;
            MessageBoxResult dr = MessageBox.Show("正确答案是：A、D、D、C、C\n您的得分为：
" + score + "分", "得分"); //弹出消息框
            if (dr == MessageBoxResult.OK) //判断是否单击了"确定"按钮
                this.Close();

    }
```

4）运行效果如图2-7所示。

图2-7　运行效果

以上例子中，还使用了没有讲过的控件GroupBox，此控件用来把一些控件作为一个特定区域显示，并且可以设置标题。

6．DatePicker（日期选择器）

DatePicker控件允许用户通过在文本字段中输入日期或使用下拉日历控件来选择日期。常用属性如下：

1）Text属性：获取用户在文本字段中输入的日期。

2）SelectedDate属性：获取或设置当前用户选定的日期。

3）SelectedDateFormat属性：表示显示日期的格式。默认为"short"，表示日期短格式显示；如果设置为"long"，则表示日期以完整格式显示。

4）IsTodayHighlighted属性：表示下拉日历控件中当前的日期是否高亮显示。

【例2-5】制作显示日期程序，要求用户在DatePicker上选择日期或输入日期后，单击"显示"按钮，在标签上显示对应的日期，效果如图2-8所示。

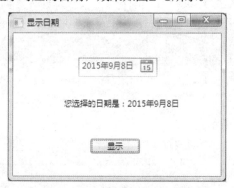

图2-8　显示日期

操作步骤如下：

1）新建一个"Demo_2_5"WPF应用程序项目。

2）界面设计。设置窗体的Title为"显示日期"，界面设计参考图2-6。

3）向窗体中添加一个DatePicker控件并命名为"dp"，设置SelectedDateFormat属性的值为"long"。

4）向窗体中添加一个Label标签，命名为"labShow"，设置Text属性为空字符串""。

5）向窗体中添加一个Button按钮，设置Content属性为"显示"。

6）编写程序代码。双击"显示"按钮，进入事件处理程序，输入如下代码：

```
private void Button_Click_1(object sender, RoutedEventArgs e)
```

```
        {
            labShow.Content ="您选择的日期是："+ dp.Text;
        }
```

7）运行结果如图2-8所示。

7．Image（图像）

Image用于显示位图、GIF、JPEG、图元文件或图标格式的图形。所显示的图片由 Image 属性确定，该属性可在运行或设计时设置。常用属性如下：

1）Source属性：获取或设置Image显示的图像，可以在设计或运行时编程。

● 设计时显示图片。具体操作是：先把显示的图片复制到项目所在文件夹Properties的子文件夹下，然后单击该属性的右侧按钮，弹出要选择的图片即可。

● 编程时显示图片。下面示例中，图片放置在项目所在文件夹Properties的子文件夹下。

```
BitmapImage image1 = new BitmapImage(new Uri("/Properties/fschd01.jpg",UriKind.Relative));
        myImage.Source = image1;
```

2）Stretch属性：获取或设置图像的拉伸方式。属性默认为Uniform，这代表图片会均匀地变大和缩小，保证了图片的比例不失调，而往往个人设置的宽和高并不符合图片显示的比例，因此显示效果就不是预期所想的。Image的Stretch属性还可以设置为以下几个值。

● None：图片会按原始大小显示。

● Fill：图片会按照设置的Width和Height显示，比例会失调。

● UniformToFill：图片会按照设置的Width和Height显示，但图片是均匀变大和缩小的，比例不失调，超出显示范围的图像会被截掉。

2.3　调用自定义WindowsFormsControlLibrary

在实际工作中，WPF提供的控件并不能完全满足不同的设计需求。这时，需要设计自定义控件。

【例2-6】创建一个自定义控件。具体要求为：显示一个风扇的图片；单击图片，风扇转动；再次单击，风扇停止转动。

操作步骤如下：

1）新建一个"Demo_2_6"WPF用户控件库，如图2-9所示。

图2-9　新建WPF用户控件库

2）在项目名称上单击鼠标右键，在弹出的快捷菜单中选择"添加"→"用户控件"命令，命名为"Fan.xaml"，把原来的"UserControl1.xaml"删除。

3）在项目名称上单击鼠标右键，在弹出的快捷菜单中选择"添加"→"新建文件夹"命令，命名为"images"，把需要的图片复制到文件夹中。

4）向用户控件界面中添加Image控件，并设置Source属性为"images/1.png"。

5）编写控制风扇旋转的方法，代码如下：

```
Thread timer_;
    // 控制风扇旋转或停止旋转
    public void Control(bool IsRotation)
    {
        if (IsRotation)
        {//旋转
        //根据当前状态，选择进行线程的方式
        if (timer_.ThreadState == ThreadState.Suspended)
        {
            timer_.Resume();
        }
        if (timer_.ThreadState == ThreadState.Unstarted)
        {
```

```
                        timer_.Start();
                }
        }
        else
        {//停止旋转
                timer_.Suspend();
        }
}
```

6）编写终止线程的方法，代码如下：

```
public void Close()
    {
        //终止线程
        if (timer_.ThreadState == ThreadState.Suspended)
            timer_.Resume();
        if (timer_.ThreadState == ThreadState.Running)
            timer_.Abort();
    }
```

7）选中控件窗体，在属性窗口中选中"Loaded"事件，双击进入事件处理程序，添加如下代码：

```
private void UserControl_Loaded_1(object sender, RoutedEventArgs e)
{
    timer_ = new Thread(new ThreadStart(() =>
    {
        int i = 1;
        while (true)
        {
            try
            {
                Dispatcher.Invoke(new Action(() =>
                {
                    //拼装图片的相对连接，并且实例化BitmapImage对象，设置为界面Image控件
picFan的Source属性值
                    picFan.Source = new BitmapImage(new Uri(@"images/f" + i + ".png",
    UriKind.Relative));
                }));
            }
            catch { }
            //因为图片序号最大为8，所以最后一张播放完后，下一次从第一张开始播放
            if (++i > 8)
            {
                i = 1;
            }
```

```
                              //线程休眠
                              Thread.Sleep(100);
                         }
                   }));
             }
```

8）选中控件窗体，在属性窗口中选中"Unloaded"事件，双击进入事件处理程序，添加如下代码：

```
private void UserControl_Unloaded_1(object sender, RoutedEventArgs e)
             {
                   //终止线程
                   if (timer_.ThreadState == ThreadState.Suspended)
                         timer_.Resume();
                   if (timer_.ThreadState == ThreadState.Running)
                         timer_.Abort();
             }
```

9）生成dll文件，具体位置为bin\debug\WinFormControl.dll。

10）应用自定义控件。新建一个WPF应用程序，把WinFormControl.dll直接复制到左侧工具箱中，如图2-10所示。

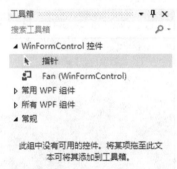

图2-10 复制自定义控件到工具箱中

11）从工具箱中把Fan控件拖入窗体中，命名为"fan1"。

12）选中窗体，在属性窗口中选中"Closing"事件，双击进入事件处理程序，添加如下代码：

```
private void Window_Closing_1(object sender, System.ComponentModel.CancelEventArgs e)
             {
                   fan1.Close();
             }
```

13）选中Fan控件，在属性窗口中选中"PreviewMouseLeftButtonDown"事件，双击进入事件处理程序，添加如下代码：

```
bool FanState = false;
```

```
private void fan1_PreviewMouseLeftButtonDown_1(object sender, MouseButtonEventArgs e)
{
        FanState = !FanState;
        fan1.Control(FanState);
}
```
14）调试运行。

【例2-7】使用WPF完成小区物业监控系统的界面设计。开发用户登录和用户注册界面，如图2-11和图2-12所示。

图2-11　用户登录界面

图2-12　用户注册界面

操作步骤如下：

1）新建一个"Demo_2_7"WPF应用程序项目。

2）在"MainWindow.xaml"中添加如下代码，完成界面制作，详细代码参考源文件。

```
<Window x:Class="Demo_2_7.MainWindow"
        xmlns="http://schemas.microsoft.com/winfx/2006/xaml/presentation"
        xmlns:x="http://schemas.microsoft.com/winfx/2006/xaml"
        Title="Dome_2_用户登录，用户注册界面" Height="581.992" Width="1089.56"
Loaded="Window_Loaded_1">
    <Grid>
        ……
    </Grid>
</Window>
```

3）MainWindow. xaml. cs中的代码实现。

在这个综合案例中，涉及3个界面，分别是登录界面、注册界面和欢迎界面，这3个界面都在同一个窗体中设置。首先定义一个方法，用来根据需要显示不同的界面，然后实现用户注册和登录的功能。

先定义一个方法，显示不同界面，代码如下：

```
private void GridShow(Grid grd)
    {
        grdRegistered.Visibility = Visibility.Hidden;
        grdLogin.Visibility = Visibility.Hidden;
        grdWelcome.Visibility = Visibility.Hidden;
        grd.Visibility = Visibility.Visible;

    }
```

籍贯选择列表的实现，代码如下：

```
private void cboOriginType_SelectionChanged_1(object sender, SelectionChangedEventArgs e)
    {
        string[] OriginTypeName = new string[0];
        switch (cboOriginType.SelectedIndex)
        {
            case 0:
                {
                    //省
                    OriginTypeName = new string[]{"河北省","山西省", "辽宁省", "吉林省", "黑龙
江省", "江苏省", "浙江省","安徽省","福建省","江西省","山东省","河南省","湖北省","湖南省","广东省","海
南省","四川省","贵州省","云南省","陕西省","甘肃省","青海省","中国台湾地区");
                }break;
            case 1:
                {//直辖市
                    OriginTypeName = new string[] {
```

```
                    "北京",
                    "天津",
                    "上海",
                    "重庆"
                    };
            }
            break;
        case 2:
            {
                //自治区
                OriginTypeName = new string[] {
                "新疆维吾尔族自治区",
                "广西壮族自治区",
                "宁夏回族自治区",
                "内蒙古自治区",
                "西藏自治区"
                };
            }
            break;
        default:
            break;
    }
    if (OriginTypeName.Length>0)
    {
        cboOriginName.ItemsSource = OriginTypeName;
        if (cboOriginName.IsEnabled == false)
        {
            cboOriginName.IsEnabled = true;
        }
    }
    else
    {
        cboOriginName.IsEnabled = false;
    }
```

登录功能的代码如下：

```
private void btnLogin_Click_1(object sender, RoutedEventArgs e)
        {
            //不正确信息
            string Msg = "";
            //用户名检测
```

```
if (txtLoginUserName.Text != UserName || txtLoginUserName.Text=="")
{
    Msg = "用户名";
}
//密码检测
if (pwdLoginUserPwd.Password.ToString() != UserPwd || pwdLoginUserPwd.Password.
ToString() == "")
{
    if (Msg!="")
    {
        Msg += "、";
    }
    Msg += "密码";
}
//检测结果处理
if (Msg!="")
{
    Msg += "错误";
    if (UserPwd==""&&UserName=="")
    {//未注册
        Msg += ",请进行注册操作！";
    }
    //错误提示
    MessageBox.Show(Msg,"错误",MessageBoxButton.OK,MessageBoxImage.Error);
}
else
{//登录成功
    GridShow(grdWelcome);
    txtLoginUserName.Text = "";
    pwdLoginUserPwd.Password = "";
}
}
```

注册功能的代码如下：

```
private void btnRegistered_Click_1(object sender, RoutedEventArgs e)
{
    //信息完整检测
    if (txtRegisteredUserName.Text==""||
        pwdRegisteredUserPwd1.Password.ToString()==""||
        pwdRegisteredUserPwd2.Password.ToString()=="")
```

```
    {
        MessageBox.Show("请填写完整！","提示
",MessageBoxButton.OK,MessageBoxImage.Information);
        return;
    }


    //两次密码一致性检测
    if (pwdRegisteredUserPwd1.Password.ToString()!=
        pwdRegisteredUserPwd2.Password.ToString())
    {
        MessageBox.Show("两次密码不一致,请重新输入！","提示
",MessageBoxButton.OK,MessageBoxImage.Information);
        return;
    }
    //注册成功==========================
    //用户名
    UserName = txtRegisteredUserName.Text;
    //密码
    UserPwd = pwdRegisteredUserPwd1.Password.ToString();
    //性别
    if (rbtnBoy.IsChecked!=null)
    {
        UserGender=(((bool)rbtnBoy.IsChecked)?"男":"女");
    }
    else
    {
        UserGender = "女";
    }
    //爱好
    CheckBox[] HobbiesS = new CheckBox[] {chkSports,chkInternetChat, chkHobbiesOther };
    UserHobbies = "";
    for (int i = 0; i < HobbiesS.Length; i++)
    {
        CheckBox chk = HobbiesS[i];
        if (chk.IsChecked == true&&chk.Content!="")
        {
            UserHobbies += chk.Content.ToString();
        }
        else if (chk.IsChecked == true)
        {
            UserHobbies += txtHobbiesOther.Text;
        }
```

```
    }
    //籍贯
    UserOriginName = "";
    if (cboOriginName.IsEnabled==true)
    {
        UserOriginName = cboOriginName.Text;
    }
    //建议
    UserSuggest = txtSuggest.Text;
    MessageBox.Show(
        "用户名："+UserName+"\r\n"+
        "性    别：" + UserGender + "\r\n" +
        "籍    贯：" + UserOriginName + "\r\n" +
        "爱    好：" + UserHobbies + "\r\n" +
        "建    议：" + UserSuggest + "\r\n" +
        "注册成功！", "提示", MessageBoxButton.OK, MessageBoxImage.Information);

    GridShow(grdLogin);
    txtRegisteredUserName.Text = "";
    pwdRegisteredUserPwd1.Password = "";
    pwdRegisteredUserPwd2.Password = "";
}
```

最后，为MainWindow窗体中添加Loaded事件，而后切换到代码编辑窗口，补充、修改、完善如下完整的代码：

```
private void Window_Loaded_1(object sender, RoutedEventArgs e)
    {
        GridShow(grdLogin);
    }
```

4）启动项目进行测试，就可以看到如图2-11和图2-12所示的界面。

2.4 小结

本章主要介绍了WPF界面布局以及基本控件的使用，同时介绍了如何创建自定义控件以及如何调用自定义控件。本章首先分析在整个小区物业监控系统中"WPF图形和多媒体开发"有什么样的应用？在哪些地方会出现这些应用，接下来分别就画布的使用；堆叠面板的知识点；文本框的使用；单选框的使用；DatePicker控件的使用；自定义控件的使用等内容都进行了基础实例演示。

学习这一章应把注意力放在C#界面控件的应用理解上，并注意程序的调试，为后续章节的学习打好基础。

2.5　习题

1．简答题

1）简述WPF界面布局有哪几种方式，并进行简要说明。

2）能够显示文本的控件有哪些？各有什么特点？

2．操作题

1）创建一个WPF应用程序，界面效果如图2-13所示，在文本框中输入文字，单击"发送"按钮后，把输入的信息加入到下面的文本框中。如果文本框中输入的值为空，则单击"发送"按钮，要有信息提示。

图2-13　界面效果

2）创建一个WPF应用程序，界面效果如图2-14所示。

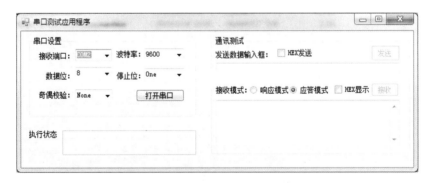

图2-14　串口测试应用程序界面效果

Chapter 3

第❸章

WPF图形和多媒体开发

通过上一章学习，读者已经熟悉了整个"小区物业监控系统"中很多模块的界面制作方法，但这些都是静态的，有些时候必须动态地呈现，如在"环境监测"模块中实现温度、湿度、光照的曲线图；在"门口监控"模块中可以制作车辆沿轨迹运动等动态内容。要完成就必须学习WPF图形和多媒体开发。

本章主要是帮助读者熟悉WPF图形和多媒体开发过程。选取的典型案例为通用性较强的"环境监测"模块中实现温度、湿度、光照的曲线图。当然，图形和多媒体开发技术也可以用于系统中其他模块的开发。本章具体相关模块如图3-1阴影所示。

要完成这个实例，必须先熟悉图形和多媒体开发功能，主要是对界面的图形和多媒体方面的编程处理，具体包括WPF的基本图形，WPF中绘画的笔刷，WPF中直线段、矩形、椭圆的画法；WPF中基本动画、线性插值、关键帧和路径动画、WPF中的多媒体开发；音频的使用；视频的使用；Flash动画的播放等。最后给出"环境监测"模块中温度、湿度、光照的曲线图的具体实现过程。

学习本章应把重点放在动画的使用上，进而理解在整个系统中如何集成开发。

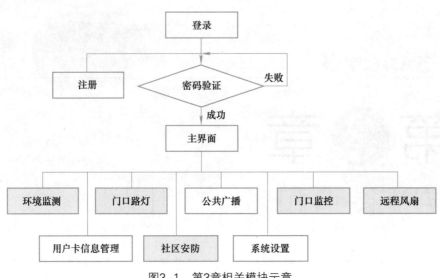

图3-1　第3章相关模块示意

本章重点

- 熟悉WPF的基本图形。

- 熟悉WPF中绘画的笔刷。

- 掌握直线段、矩形、椭圆的画法。

- 掌握WPF中基本动画、线性插值、关键帧和路径动画。

- 学会WPF中的多媒体开发。

典型案例

使用WPF开发小区物业监控系统，实现温度、湿度、光照的曲线图。

在使用WPF开发的小区物业监控系统中，实现温度、湿度、光照的曲线图，界面如图3-2所示。

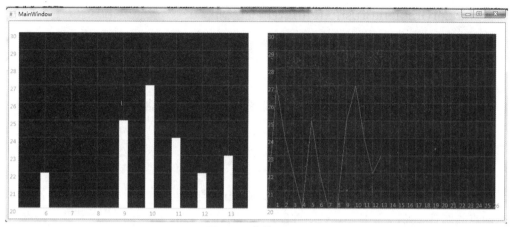

图3-2　曲线图界面

在这个简单的综合案例中，会涉及WPF绘图和动画的使用等基础知识。下面就先来学习这些知识点，然后开始本案例的编程实现。

3.1　WPF图形

在WPF中可以绘制矢量图，矢量图不会随窗口或图形的放大或缩小出现锯齿或变形。除此之外，XAML绘制出来的图有个好处就是便于修改，当图不符合要求时，通常修改某些属性即可。

1．基本图形

WPF中可以画的基本图形如下，它们都派生于Shape类。

- Line直线段。

- Rectangle矩形。

- Ellipse椭圆。

- Polygon多边形。

- Polyline折线，不闭合。

- Path路径。

2．常用的笔刷

WPF中常用的笔刷（Brush）类型如下。

- SolidColorBrush：使用纯Color绘制区域。

- LinearGradientBrush：使用线性渐变绘制区域。
- RadialGradientBrush：使用径向渐变绘制区域。
- ImageBrush：使用图像绘制区域。
- DrawingBrush：使用Drawing绘制区域。绘图可能包含向量和位图对象。
- VisualBrush：使用Visual对象绘制区域。

3．直线段

在平面上，两点确定一条直线段。同样，在Line类中也具有两点的属性（X1，Y1）（X2，Y2），同时还有一个属性Stroke，它是Brush类型的，也就是可以用上面介绍的“笔刷”进行赋值。下面通过实例来学习直线段的画法。

【例3-1】新建一个WPF应用程序项目，在画布上画出5种直线，其运行结果如图3-3所示。

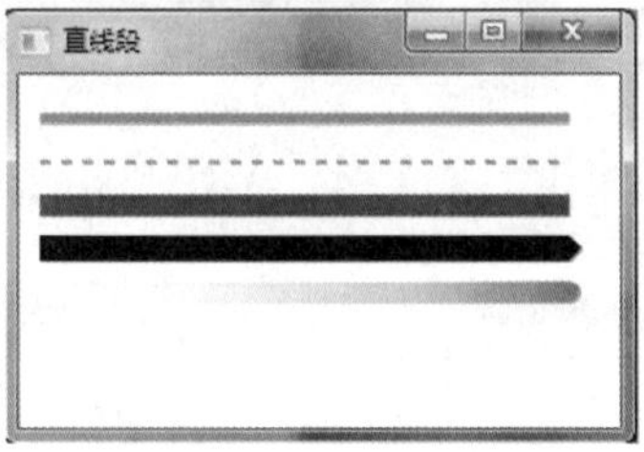

图3-3　程序运行结果

操作步骤如下：

1）新建一个“Demo_3_1”WPF应用程序项目。

2）在“MainWindow. xaml”中添加如下代码：

```
<Window x:Class=" Demo_3_1.MainWindow ">
        xmlns="http://schemas.microsoft.com/winfx/2006/xaml/presentation"
        xmlns:x="http://schemas.microsoft.com/winfx/2006/xaml"
        Title="直线段" Height="200" Width="300">
<Grid>
    <Line X1="10" Y1="20" X2="260" Y2="20" Stroke="Red" StrokeThickness="5"></Line>
    <Line X1="10" Y1="40" X2="260" Y2="40" StrokeDashArray="5" Stroke="Black" StrokeThickness="1"/>
    <Line X1="10" Y1="60" X2="260" Y2="60" Stroke="blue" StrokeEndLineCap="Flat" StrokeThickness="10"/>
    <Line X1="10" Y1="80" X2="260" Y2="80" Stroke="Black" StrokeEndLineCap="Triangle" StrokeThickness="12"/>
    <Line X1="10" Y1="100" X2="260" Y2="100" StrokeEndLineCap="Round" StrokeThickness="10">
        <Line.Stroke>
            <LinearGradientBrush EndPoint="0,1" StartPoint="1,1">
                    <GradientStop Color="Green"/>
                    <GradientStop Offset="1"/>
            </LinearGradientBrush>
```

```
            </Line.Stroke>
          </Line>
       </Grid>
</Window>
```

3）启动项目进行测试，就可以看到图3-3所示的界面。

4．矩形

矩形最突出的属性是长和宽，除此之外，还有Stroke（笔触）、Fill（填充）等属性。

（1）Height属性

指定Grid的高度，有以下两种写法：

1）Height="60"，不加星号表示固定的高度。

2）Height="60*"，加星号表示加权高度，在调整窗体大小时，高度会按窗体大小改变的比例进行缩放。

（2）Width属性

指定Grid宽度，写法与Height属性一致。

（3）Row和Column属性

指定子元素所在的行和列。在C#代码中，使用Grid.SetRow方法和Grid.SetCol方法指定子元素所在的行和列。

（4）RowSpan属性

使子元素跨多行。例如，Grid.RowSpan="2"表示跨两行。

（5）ColumnSpan属性

使子元素跨多列。例如，Grid.ColumnRowSpan="2"表示跨两列。

【例3-2】新建一个"Rectangle"WPF应用程序项目，在画布上画出3种矩形，其运行结果如图3-4所示。

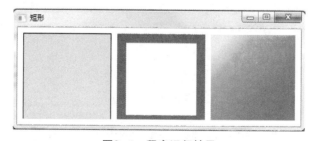

图3-4　程序运行结果

操作步骤如下:

1)新建一个"Demo_3_2"WPF应用程序项目。

2)在"MainWindow.xaml"中添加如下代码:

```xml
<Window x:Class=" Demo_3_2.MainWindow"
        xmlns="http://schemas.microsoft.com/winfx/2006/xaml/presentation"
        xmlns:x="http://schemas.microsoft.com/winfx/2006/xaml"
        Title="矩形" Height="200" Width="500">
    <Grid Margin="10">
        <Grid.RowDefinitions>
            <RowDefinition Height="150"/>
        </Grid.RowDefinitions>
        <Grid.ColumnDefinitions>
            <ColumnDefinition Width="150"/>
            <ColumnDefinition Width="10"/>
            <ColumnDefinition Width="150"/>
            <ColumnDefinition Width="10"/>
            <ColumnDefinition Width="150"/>
        </Grid.ColumnDefinitions>
        <Rectangle Grid.Column="0" Grid.Row="0" Stroke="Black" Fill="LightBlue"/>
        <Rectangle Grid.Column="2" Grid.Row="0" StrokeThickness="15">
            <Rectangle.Stroke>
                <LinearGradientBrush StartPoint="0,0" EndPoint="1,1">
                    <GradientStop Color="green" Offset="1.5"/>
                </LinearGradientBrush>
            </Rectangle.Stroke>
        </Rectangle>
        <Rectangle Grid.Column="4" Grid.Row="0">
            <Rectangle.Fill>
                <LinearGradientBrush StartPoint="0,0" EndPoint="1,1">
                    <GradientStop Color="#8F00f851" Offset="0.1"/>
                    <GradientStop Color="#fe667889" Offset="0.8"/>
                    <GradientStop Color="#f8ff6677" Offset="0.3"/>
                </LinearGradientBrush>
            </Rectangle.Fill>
        </Rectangle>
    </Grid>
</Window>
```

3)启动项目进行测试,就可以看到图3-4所示的界面。

5．椭圆

椭圆中比较常见的是长半轴a和短半轴b，如果a=b，那么就是一个圆形。在WPF中，用Width和Height表示a和b，其他的用法和矩形一致，下面给出一个球形的例子。

【例3-3】新建一个"Ellipse"WPF应用程序项目，在画布上画出3种椭圆，其运行结果如图3-5所示。

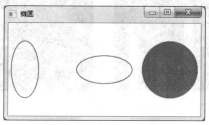

图3-5　程序运行结果

操作步骤如下：

1）新建一个"Demo_3_3"WPF应用程序项目。

2）在"MainWindow.xaml"中添加如下代码：

设计好的界面代码如下：

```
<Window x:Class=" Demo_3_3.MainWindow"
        xmlns="http://schemas.microsoft.com/winfx/2006/xaml/presentation"
        xmlns:x="http://schemas.microsoft.com/winfx/2006/xaml"
        Title="椭圆" Height="200" Width="360">
    <Grid>
        <Ellipse Stroke="Blue"    Width="50" Height="100" Margin="5" HorizontalAlignment="Left"></Ellipse>
        <Ellipse Fill="Yellow" Stroke="Blue"    Width="100" Height="50" Margin="5"HorizontalAlignment="Center">  </Ellipse>
        <Ellipse Fill="green" Stroke="red"    Width="100" Height="100" Margin="5"HorizontalAlignment="right"></Ellipse>
    </Grid>
</Window>
```

3）启动项目进行测试，就可以看到图3-5所示的界面。

【例3-4】在使用WPF开发的小区物业监控系统中，绘制温度折线图和直方图，运行结果如图3-6所示。

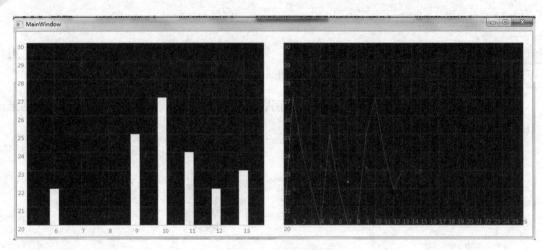

图3-6　程序运行结果

操作步骤如下：

1）新建一个"Demo_3_4"WPF应用程序项目。

2）在"MainWindow. xaml"中添加如下代码：

```
<Window
        xmlns="http://schemas.microsoft.com/winfx/2006/xaml/presentation"
        xmlns:x="http://schemas.microsoft.com/winfx/2006/xaml"            xmlns:Dome3_
WpfControlLibrary="clr-namespace:Demo_3_4_WpfControlLibrary;assembly=Demo_3_4_
WpfControlLibrary" x:Class="Demo_3_4.MainWindow"
                Title="MainWindow" Height="478" Width="1153" Loaded="Window_Loaded_1"
Closing="Window_Closing_1" >
    <Grid>
        <Grid.ColumnDefinitions>
            <ColumnDefinition Width="684*"/>
            <ColumnDefinition Width="679*"/>
        </Grid.ColumnDefinitions>
        <Dome3_WpfControlLibrary:BarControl x:Name="BarCtr" />
        <Dome3_WpfControlLibrary:CurveControl x:Name="CurveCtr"  Grid.Column="1"  />
    </Grid>
</Window>
```

3）在"MainWindow. xaml. cs"中添加如下代码：

```
public MainWindow()
    {
        InitializeComponent();
    }
    Thread timer;
```

```
private void Window_Loaded_1(object sender, RoutedEventArgs e)
{
    BarCtr.DrawBackground();
    CurveCtr.DrawBackground();
    timer = new Thread(new ThreadStart(() =>
    {
        Random rd = new Random();
        while (true)
        {
            try
            {
                Dispatcher.Invoke(new Action(() =>
                {
                    double d = rd.Next(20, 30);
                    BarCtr.DrawLine(d);
                    CurveCtr.DrawLine(d);
                }));
            }
            catch (Exception)
            {
            }
            Thread.Sleep(700);
        }
    }));
    timer.Start();
}

private void Window_Closing_1(object sender, System.ComponentModel.
CancelEventArgs e)
{
    timer.Abort();
    timer = null;
}
```

4）分别添加"BarWindow.xaml"和"CurveWindow.xaml"界面。

5）在"BarWindow.xaml"中添加如下代码：

```xml
<Window x:Class="Demo_3_4_2.BarWindow"
        xmlns="http://schemas.microsoft.com/winfx/2006/xaml/presentation"
        xmlns:x="http://schemas.microsoft.com/winfx/2006/xaml"
        Title="直方图"  Height="460.096" Width="706.034" Loaded="Window_Loaded_1"
Closing="Window_Closing_1">
    <Grid>
```

```
    <Canvas x:Name="grdBackground" Height="390" Width="525" HorizontalAlignment="Center"
VerticalAlignment="Center" Background="#012F59">

    </Canvas>
        <Grid x:Name="grdMain" Height="390" Width="525" HorizontalAlignment="Center"
VerticalAlignment="Center" Background="Transparent">

        </Grid>
    </Grid>
</Window>
```

6）在"BarWindow. xaml. cs"中添加如下代码：

```csharp
namespace Demo_3_4_2
{
    public partial class BarWindow : Window
    {
        public BarWindow()
        {
            InitializeComponent();
        }
        Thread timer;
        private void Window_Loaded_1(object sender, RoutedEventArgs e)
        {
            DrawBackground();
            timer = new Thread(new ThreadStart(() =>
            {
                Random rd = new Random();
                while (true)
                {
                    try
                    {
                        Dispatcher.Invoke(new Action(() =>
                        {
                            double d = rd.Next(MinReg, MaxReg);
                            DrawLine(d);
                            Console.WriteLine(d + "");
                        }));
                    }
                    catch (Exception)
                    {
                    }
                    Thread.Sleep(1200);
                }
```

```
            }));
            timer.Start();
        }
        private void Window_Closing_1(object sender, System.ComponentModel.
CancelEventArgs e)
        {
            timer.Abort();
            timer = null;
        }
        #region 绘制直方图
        int StepLength = 60;//X轴步长（两个顶点距X轴的距离）
        int MaxCount = 8;//顶点最多个数
        int MaxReg = 30;//最大量程
        int MinReg = 20;//最大量程
        //底部数字列表
        List<TextBlock> listBottom = new List<TextBlock>();
        List<Line> listLines = new List<Line>();
        // 画线
        private void DrawLine(double Y2)
        {
            //将值转换为图上坐标
            Y2 = grdMain.Height - (grdMain.Height / (MaxReg - MinReg)) * (Y2 -
MinReg);

            //判断折线图顶点集合个数是否大于0
            if (listLines.Count > 0)
            {
                Line line = new Line();
                //设置线条颜色
                line.Stroke = new SolidColorBrush(Colors.Honeydew);
                //设置线条宽度
                line.StrokeThickness = 20;
                line.X1=(listLines[listLines.Count - 1].X1 + StepLength);
                line.Y1 = grdMain.Height;
                line.X2=line.X1;
                line.Y2 = Y2;
                //向折线图顶点集合添加新线段终点坐标
                listLines.Add(line);
                //将折线控件作为子控件添加到界面
                this.grdMain.Children.Add(line);
                //判断顶点集合个数是否超过最大个数
                if (MaxCount < listLines.Count)
```

```
                {
                    //将曲线及下方数字往左移动
                    //删除第一个点
                    this.grdMain.Children.Remove(listLines[0]);
                    listLines.Remove(listLines[0]);
                    int ForLen = (listLines.Count > listBottom.Count) ? listLines.Count :
listBottom.Count;

                    //将单击数字往左移动一位
                    for (int i = 0; i < ForLen; i++)
                    {
                        if (i < listLines.Count)
                        {
                            //将顶点的X轴坐标减去步长
                            listLines[i].X1 = listLines[i].X1 - StepLength;
                            listLines[i].X2 = listLines[i].X2 - StepLength;
                        }
                        if (i < listBottom.Count)
                        {
                            listBottom[i].Text = (int.Parse(listBottom[i].Text) + 1).ToString();
                        }
                    }
                }
                else
                {//第一次添加顶点
                    Line line = new Line();
                    //设置线条颜色
                    line.Stroke = new SolidColorBrush(Colors.Honeydew);
                    //设置线条宽度
                    line.StrokeThickness = 20;
                    line.X1 = StepLength;
                    line.Y1 = grdMain.Height;
                    line.X2 = line.X1;
                    line.Y2 = Y2;
                    //向折线图顶点集合添加新线段终点坐标
                    listLines.Add(line);
                    //将折线控件作为子控件添加到界面
                    this.grdMain.Children.Add(line);
                }
            }
            // 绘制背景
```

```csharp
private void DrawBackground()
{
    //绘制底部数字及绘制Y轴方向直线
    //计算顶点最大个数
    MaxCount = (int)(grdBackground.Width / StepLength);
    for (int i = 1; i <= MaxCount; i++)
    {
        //绘制Y轴直线
        Line line = new Line();
        //设置开始坐标及终点坐标
        line.X1 = StepLength * i;
        line.X2 = StepLength * i;
        line.Y1 = 0;
        line.Y2 = grdBackground.Height;
        Color color = new Color();
        color.R = 20;
        color.G = 80;
        color.B = 136;
        color.A = 100;
        //设置线条颜色
        line.Stroke = new SolidColorBrush(color);
        //设置线条宽度
        line.StrokeThickness = 2;
        //绘制下方数字
        TextBlock tb = new TextBlock();
        //设置字体颜色
        tb.Foreground = new SolidColorBrush(Colors.Red);
        //数字
        tb.Text = "" + i;
        //显示界面
        grdBackground.Children.Add(tb);
        grdBackground.Children.Add(line);
        //添加到全局变量
        listBottom.Add(tb);
        //设置坐标
        Canvas.SetBottom(tb, -20);
        Canvas.SetLeft(tb, StepLength * i);
    }
    //绘制左侧数字及X轴方向直线（大概原理同上）
    for (int i = MinReg; i <= MaxReg; i++)
    {
```

```
Line line = new Line();
line.X1 = 0;
line.X2 = grdBackground.Width;
//grdMain.Height - (grdMain.Height / (MaxReg-MinReg)) * Y2
line.Y1 = grdMain.Height - (grdMain.Height / (MaxReg - MinReg)) * (i -
MinReg);

line.Y2 = grdMain.Height - (grdMain.Height / (MaxReg - MinReg)) * (i -
MinReg);

Color color = new Color();
color.R = 20;
color.G = 80;
color.B = 136;
color.A = 100;
line.Stroke = new SolidColorBrush(color);
line.StrokeThickness = 2;
TextBlock tb = new TextBlock();
tb.Foreground = new SolidColorBrush(Colors.Red);
tb.Text = "" + i;
grdBackground.Children.Add(tb);
grdBackground.Children.Add(line);
//  listBottom.Add(tb);
Canvas.SetTop(tb, grdMain.Height - (grdMain.Height / (MaxReg - MinReg))
* (i - MinReg));

Canvas.SetLeft(tb, -20);
            }
        }
    }
```

7）在"CurveWindow. xaml"中添加设计好的界面代码，具体如下：

```
<Window x:Class="Demo_3_4.CurveWindow"          xmlns="http://schemas.microsoft.com/
winfx/2006/xaml/presentation"

    xmlns:x="http://schemas.microsoft.com/winfx/2006/xaml"
        Title="曲线图" Height="460.096" Width="706.034" Loaded="Window_Loaded_1"
Closing="Window_Closing_1">

    <Grid>
        <Canvas x:Name="grdBackground" Height="390" Width="525"
HorizontalAlignment="Center" VerticalAlignment="Center" Background="#012F59">

        </Canvas>
        <Grid x:Name="grdMain" Height="390" Width="525" HorizontalAlignment="Center"
VerticalAlignment="Center" Background="Transparent">

        </Grid>
```

```
    </Grid>
</Window>
```

8）在"CurveWindow.xaml.cs"中添加如下代码：

```
namespace Demo_3_4
{
    public partial class CurveWindow : Window
    {
        public CurveWindow()
        {
            InitializeComponent();
        }
        Thread timer;
        private void Window_Loaded_1(object sender, RoutedEventArgs e)
        {
            DrawBackground();

            timer= new Thread(new ThreadStart(() =>
             {
                 Random rd = new Random();
                 while (true)
                 {
                     try
                     {
                         Dispatcher.Invoke(new Action(() =>
                         {
                             double d = rd.Next(MinReg, MaxReg);
                             DrawLine(d);
                             Console.WriteLine(d+"");
                         }));
                     }
                     catch (Exception)
                     {
                     }
                     Thread.Sleep(700);
                 }
             }));
            timer.Start();
        }
        private void Window_Closing_1(object sender, System.ComponentModel.
CancelEventArgs e)
```

```
        {
            timer.Abort();
            timer = null;
        }
        #region 绘制折线
        int StepLength = 20;//X轴步长（两个顶点距X轴的距离）
        int MaxCount = 8;//顶点最多个数
        int MaxReg = 30;//最大量程
        int MinReg = 20;//最大量程
        //底部数字列表
        List<TextBlock> listBottom = new List<TextBlock>();
        //折线图
        Polyline pline = new Polyline();
        //画线
        private void DrawLine(double Y2)
        {
            //将值转换为图上坐标
            Y2 = grdMain.Height - (grdMain.Height / (MaxReg - MinReg)) * (Y2 -
MinReg);

            //判断折线图顶点集合个数是否大于0
            if (pline.Points.Count > 0)
            {
                //向折线图顶点集合添加新线段终点坐标
                pline.Points.Add(new Point((pline.Points[pline.Points.Count - 1].X +
StepLength), Y2));

                //判断顶点集合个数是否超过最大个数
                if (MaxCount+1<pline.Points.Count)
                {
                //将曲线及下方数字往左移动
                //删除第一个点
                pline.Points.Remove(pline.Points[0]);
                int ForLen = (pline.Points.Count > listBottom.Count) ? pline.Points.Count :
listBottom.Count;
                    //将单击数字往左移动一位
                    for (int i = 0; i < ForLen; i++)
                    {
                        if (i < pline.Points.Count)
                        {
                        //将顶点的X轴坐标减去步长
                        pline.Points[i] = new Point(pline.Points[i].X - StepLength, pline.
Points[i].Y);
```

```
                    }
                    if (i < listBottom.Count)
                    {
                        listBottom[i].Text = (int.Parse(listBottom[i].Text) + 1).ToString();
                    }
                }
            }
        }
        else
        {//第一次添加顶点
            //设置线条颜色
            pline.Stroke = new SolidColorBrush(Colors.Red);
            //设置线条宽度
            pline.StrokeThickness = 1;
            //添加第一个点
            pline.Points.Add(new Point(0, Y2));
            //将折线控件作为子控件添加到界面
            this.grdMain.Children.Add(pline);
        }
        return;
        //第二种写法
        Line line = new Line();
        double X1 = 0;
        double Y1 = grdMain.Height;
        if (grdMain.Children.Count>0)
        {
            Line uPLine = (Line)grdMain.Children[grdMain.Children.Count - 1];
            X1= uPLine.X2; Y1 = uPLine.Y2;
            if (X1 + StepLength > grdMain.Width)
            {
                grdMain.Children.Remove(grdMain.Children[0]);
                int ForLen = (grdMain.Children.Count > listBottom.Count) ? grdMain.
Children.Count : listBottom.Count;
                for (int i = 0; i < ForLen; i++)
                {
                    if (i<grdMain.Children.Count)
                    {
                        ((Line)grdMain.Children[i]).X1 = ((Line)grdMain.Children[i]).X1 -
StepLength;
                        ((Line)grdMain.Children[i]).X2 = ((Line)grdMain.Children[i]).X2 -
StepLength;
```

```
                        }
                        if (i < listBottom.Count)
                        {
                            listBottom[i].Text = (int.Parse(listBottom[i].Text) + 1).ToString();
                        }
                    }
                    X1 = X1 - StepLength;
                }
            }
            line.X1 = X1;
            line.Y1 = Y1;
            X1 += StepLength;
            line.X2 = X1;
            line.Y2 = (grdMain.Height - (grdMain.Height / MaxReg) * Y2);
            Y1 = line.Y2;
            X1 = line.X2;
            line.Stroke = new SolidColorBrush(Colors.Red);
            line.StrokeThickness = 1;
            this.grdMain.Children.Add(line);
        }
        // 绘制背景
        private void DrawBackground()
        {
            //绘制底部数字及Y轴方向直线
            //计算顶点最大个数
            MaxCount = (int)(grdBackground.Width / StepLength);
            for (int i = 1; i <= MaxCount; i++)
            {
                //绘制Y轴直线
                Line line = new Line();
                //设置开始坐标及终点坐标
                line.X1=StepLength*i;
                line.X2 = StepLength * i;
                line.Y1 = 0;
                line.Y2 = grdBackground.Height;
                Color color = new Color();
                color.R = 20;
                color.G = 80;
                color.B = 136;
                color.A = 100;
                //设置线条颜色
```

```
        line.Stroke = new SolidColorBrush(color);
        //设置线条宽度
        line.StrokeThickness = 2;
        //绘制下方数字
        TextBlock tb = new TextBlock();
        //设置字体颜色
        tb.Foreground = new SolidColorBrush(Colors.Red);
        //数字
        tb.Text=" " + i;
        //显示界面
        grdBackground.Children.Add(tb);
        grdBackground.Children.Add(line);
        //添加到全局变量
        listBottom.Add(tb);
        //设置坐标
        Canvas.SetBottom(tb, 0);
        Canvas.SetLeft(tb, StepLength * i);
    }
    //绘制左侧数字及X轴方向直线
    for (int i = MinReg; i <= MaxReg; i++)
    {
        Line line = new Line();
        line.X1 = 0;
        line.X2 = grdBackground.Width;
        //grdMain.Height – (grdMain.Height / (MaxReg–MinReg)) * Y2
        line.Y1 = grdMain.Height – (grdMain.Height / (MaxReg – MinReg)) *
(i–MinReg);

        line.Y2 = grdMain.Height – (grdMain.Height / (MaxReg – MinReg)) * (i –
MinReg);

        Color color = new Color();
        color.R = 20;
        color.G = 80;
        color.B = 136;
        color.A = 100;
        line.Stroke = new SolidColorBrush(color);
        line.StrokeThickness = 2;
        TextBlock tb = new TextBlock();
        tb.Foreground = new SolidColorBrush(Colors.Red);
        tb.Text = " " + i;
        grdBackground.Children.Add(tb);
        grdBackground.Children.Add(line);
```

```
//    listBottom.Add(tb);
            Canvas.SetTop(tb, grdMain.Height – (grdMain.Height / (MaxReg – MinReg))
* (i – MinReg));

            Canvas.SetLeft(tb, 0);
        }
        //设置线条颜色
        pline.Stroke = new SolidColorBrush(Colors.Red);
        //设置线条宽度
        pline.StrokeThickness = 1;
        //添加第一个点
        pline.Points.Add(new Point(0, this.grdMain.Height));
        //将折线控件作为子控件添加到界面
        this.grdMain.Children.Add(pline);
        }
    }
}
```

9）在解决方案中添加一个"Demo_3_4_WpfControlLibrary"WPF应用程序项目。
分别添加"BarControl.xaml"和"CurveControl.xaml"界面。

10）在"BarControl.xaml"中添加如下代码：

```xml
<UserControl x:Class=" Demo_3_4_WpfControlLibrary.BarControl"
            xmlns=" http://schemas.microsoft.com/winfx/2006/xaml/presentation"
            xmlns:x=" http://schemas.microsoft.com/winfx/2006/xaml"
            xmlns:mc=" http://schemas.openxmlformats.org/markup–compatibility/2006"
            xmlns:d=" http://schemas.microsoft.com/expression/blend/2008"
            mc:Ignorable=" d"
            d:DesignHeight=" 440"  d:DesignWidth=" 550"  Loaded=" UserControl_
Loaded_1" >
    <Grid>
        <Canvas x:Name=" grdBackground"  Height=" 390"  Width=" 525"
HorizontalAlignment=" Center"  VerticalAlignment=" Center"  Background=" #012F59" >
        </Canvas>
        <Grid x:Name=" grdMain"  Height=" 390"  Width=" 525" HorizontalAlignment=" Center"
VerticalAlignment=" Center"  Background=" Transparent" >
        </Grid>
    </Grid>
</UserControl>
```

11）在"BarControl.xaml.cs"中添加如下代码：

```
namespace Demo_3_4_WpfControlLibrary
```

```
    {
        public partial class BarControl : UserControl
        {
            public BarControl()
            {
                InitializeComponent();
            }
            public int StepLength = 60;
            public int MaxCount = 8;
            public int MaxReg = 30;
            public int MinReg = 20;
            List<TextBlock> listBottom = new List<TextBlock>();
            List<Line> listLines = new List<Line>();
            public void DrawLine(double Y2)
            {
                //将值转换为图上坐标
                Y2 = grdMain.Height – (grdMain.Height / (MaxReg – MinReg)) * (Y2 –
MinReg);

                //判断折线图顶点集合个数是否大于0
                if (listLines.Count > 0)
                {
                    Line line = new Line();
                    //设置线条颜色
                    line.Stroke = new SolidColorBrush(Colors.Honeydew);
                    //设置线条宽度
                    line.StrokeThickness = 20;
                    line.X1 = (listLines[listLines.Count – 1].X1 + StepLength);
                    line.Y1 = grdMain.Height;
                    line.X2 = line.X1;
                    line.Y2 = Y2;
                    //向折线图顶点集合添加新线段终点坐标
                    listLines.Add(line);
                    //将折线控件作为子控件添加到界面
                    this.grdMain.Children.Add(line);
                    //判断顶点集合个数是否超过最大个数
                    if (MaxCount < listLines.Count)
                    {
                        //将曲线及下方数字往左移动
                        //删除第一个点
                        this.grdMain.Children.Remove(listLines[0]);
                        listLines.Remove(listLines[0]);
```

```
            int ForLen = (listLines.Count > listBottom.Count) ? listLines.Count :
listBottom.Count;

                //将单击数字往左移动一位
                for (int i = 0; i < ForLen; i++)
                {
                    if (i < listLines.Count)
                    {
                        //将顶点的X轴坐标减去步长
                        listLines[i].X1 = listLines[i].X1 – StepLength;
                        listLines[i].X2 = listLines[i].X2 – StepLength;
                    }
                    if (i < listBottom.Count)
                    {
                        listBottom[i].Text = (int.Parse(listBottom[i].Text) + 1).ToString();
                    }
                }
            }
            else
            {//第一次添加顶点
                Line line = new Line();
                //设置线条颜色
                line.Stroke = new SolidColorBrush(Colors.Honeydew);
                //设置线条宽度
                line.StrokeThickness = 20;
                line.X1 = StepLength;
                line.Y1 = grdMain.Height;
                line.X2 = line.X1;
                line.Y2 = Y2;
                //向折线图顶点集合添加新线段终点坐标
                listLines.Add(line);
                //将折线控件作为子控件添加到界面
                this.grdMain.Children.Add(line);
            }
        }
        // 绘制背景
        public void DrawBackground()
        {
            //清空
            grdBackground.Children.Clear();
            listBottom.Clear();
```

```
//绘制底部数字及Y轴方向直线
//计算顶点最大个数
MaxCount = (int)(grdBackground.Width / StepLength);
for (int i = 1; i <= MaxCount; i++)
{
    //绘制Y轴直线
    Line line = new Line();
    //设置开始坐标及终点坐标
    line.X1 = StepLength * i;
    line.X2 = StepLength * i;
    line.Y1 = 0;
    line.Y2 = grdBackground.Height;

    Color color = new Color();
    color.R = 20;
    color.G = 80;
    color.B = 136;
    color.A = 100;
    //设置线条颜色
    line.Stroke = new SolidColorBrush(color);
    //设置线条宽度
    line.StrokeThickness = 2;
    //绘制下方数字
    TextBlock tb = new TextBlock();
    //设置字体颜色
    tb.Foreground = new SolidColorBrush(Colors.Red);
    //数字
    tb.Text = "" + i;
    //显示界面
    grdBackground.Children.Add(tb);
    grdBackground.Children.Add(line);
    //添加到全局变量
    listBottom.Add(tb);
    //设置坐标
    Canvas.SetBottom(tb, -20);
    Canvas.SetLeft(tb, StepLength * i);
}
//绘制左侧数字及X轴方向直线（大概原理同上）
for (int i = MinReg; i <= MaxReg; i++)
{
    Line line = new Line();
```

```
                line.X1 = 0;
                line.X2 = grdBackground.Width;
                //grdMain.Height – (grdMain.Height / (MaxReg–MinReg)) * Y2
                line.Y1 = grdMain.Height – (grdMain.Height / (MaxReg – MinReg)) * (i –
MinReg);
                line.Y2 = grdMain.Height – (grdMain.Height / (MaxReg – MinReg)) * (i –
MinReg);

                Color color = new Color();
                color.R = 20;
                color.G = 80;
                color.B = 136;
                color.A = 100;
                line.Stroke = new SolidColorBrush(color);
                line.StrokeThickness = 2;
                TextBlock tb = new TextBlock();
                tb.Foreground = new SolidColorBrush(Colors.Red);
                tb.Text = " " + i;
                grdBackground.Children.Add(tb);
                grdBackground.Children.Add(line);
                //  listBottom.Add(tb);
                Canvas.SetTop(tb, grdMain.Height – (grdMain.Height / (MaxReg – MinReg))
* (i – MinReg));

                Canvas.SetLeft(tb, –20);
            }
        }
        // 清空柱状图
        public void ClearLines()
        {
            //清空柱状集合
            listLines.Clear();
            //清空界面
            this.grdMain.Children.Clear();
        }
        #endregion
        private void UserControl_Loaded_1(object sender, RoutedEventArgs e)
        {
            DrawBackground();
        }
    }
}
```

12）在"CurveControl. xaml"中添加如下代码：

```
<UserControl x:Class=" Demo_3_4_WpfControlLibrary.CurveControl"
            xmlns=" http://schemas.microsoft.com/winfx/2006/xaml/presentation"
            xmlns:x=" http://schemas.microsoft.com/winfx/2006/xaml"
            xmlns:mc=" http://schemas.openxmlformats.org/markup-compatibility/2006"
            xmlns:d=" http://schemas.microsoft.com/expression/blend/2008"
            mc:Ignorable=" d"
            d:DesignHeight=" 440"  d:DesignWidth=" 550"   Loaded=" UserControl_Loaded_1" >
    <Grid>
            <Canvas x:Name=" grdBackground"  Height=" 390"  Width=" 525"
HorizontalAlignment=" Center"  VerticalAlignment=" Center"  Background=" #012F59" >
            </Canvas>
            <Grid x:Name=" grdMain"  Height=" 390"  Width=" 525" HorizontalAlignment=" Center"
VerticalAlignment=" Center"  Background=" Transparent" >
            </Grid>
    </Grid>
</UserControl>
```

13）在"CurveControl. xaml. cs"中添加如下代码：

```
namespace Demo_3_4_WpfControlLibrary
{
    public partial class CurveControl : UserControl
    {
        public CurveControl()
        {
            InitializeComponent();
        }

        public int StepLength = 20;
        public int MaxCount = 8;
        public int MaxReg = 30;
        public int MinReg = 20;
        //底部数字列表
        List<TextBlock> listBottom = new List<TextBlock>();
        //折线图
        Polyline pline = new Polyline();
        //画线
        public void DrawLine(double Y2)
        {
            //将值转换为图上坐标
            Y2 = grdMain.Height - (grdMain.Height / (MaxReg - MinReg)) * (Y2 - MinReg);
```

```
//判断折线图顶点集合个数是否大于0
if (pline.Points.Count > 0)
{
    //向折线图顶点集合添加新线段终点坐标
    pline.Points.Add(new Point((pline.Points[pline.Points.Count – 1].X + StepLength), Y2));
    //判断顶点集合个数是否超过最大个数
    if (MaxCount + 1 < pline.Points.Count)
    {
        //将曲线及下方数字往左移动
        //删除第一个点
        pline.Points.Remove(pline.Points[0]);
        int ForLen = (pline.Points.Count > listBottom.Count) ? pline.Points.Count :
listBottom.Count;

        //将单击数字往左移动一位
        for (int i = 0; i < ForLen; i++)
        {
            if (i < pline.Points.Count)
            {
                //将顶点的X轴坐标减去步长
                pline.Points[i] = new Point(pline.Points[i].X – StepLength, pline.
Points[i].Y);
            }
            if (i < listBottom.Count)
            {
                listBottom[i].Text = (int.Parse(listBottom[i].Text) + 1).ToString();
            }
        }
    }
}
else
{//第一次添加顶点
    //设置线条颜色
    pline.Stroke = new SolidColorBrush(Colors.Red);
    //设置线条宽度
    pline.StrokeThickness = 1;
    //添加第一个点
    pline.Points.Add(new Point(0, Y2));
    //将折线控件作为子控件添加到界面
    this.grdMain.Children.Add(pline);
}
}
```

```
// 绘制背景
public void DrawBackground()
  {
      //清空所有内容
      grdBackground.Children.Clear();
      listBottom.Clear();
      ClearLines();
      //绘制底部数字及Y轴方向直线
      //计算顶点最大个数
      MaxCount = (int)(grdBackground.Width / StepLength);
      for (int i = 1; i <= MaxCount; i++)
      {
          //绘制Y轴直线
          Line line = new Line();
          //设置开始坐标及终点坐标
          line.X1 = StepLength * i;
          line.X2 = StepLength * i;
          line.Y1 = 0;
          line.Y2 = grdBackground.Height;
          Color color = new Color();
          color.R = 20;
          color.G = 80;
          color.B = 136;
          color.A = 100;
          //设置线条颜色
          line.Stroke = new SolidColorBrush(color);
          //设置线条宽度
          line.StrokeThickness = 2;
          //绘制下方数字
          TextBlock tb = new TextBlock();
          //设置字体颜色
          tb.Foreground = new SolidColorBrush(Colors.Red);
          //数字
          tb.Text = "" + i;
          //显示界面
          grdBackground.Children.Add(tb);
          grdBackground.Children.Add(line);
          //添加到全局变量
          listBottom.Add(tb);
          //设置坐标
          Canvas.SetBottom(tb, 0);
```

```
                Canvas.SetLeft(tb, StepLength * i);
            }
            //绘制左侧数字及X轴方向直线
            for (int i = MinReg; i <= MaxReg; i++)
            {
                Line line = new Line();
                line.X1 = 0;
                line.X2 = grdBackground.Width;
                //grdMain.Height – (grdMain.Height / (MaxReg–MinReg)) * Y2
                line.Y1 = grdMain.Height – (grdMain.Height / (MaxReg – MinReg)) * (i –
MinReg);

                line.Y2 = grdMain.Height – (grdMain.Height / (MaxReg – MinReg)) * (i –
MinReg);

                Color color = new Color();
                color.R = 20;
                color.G = 80;
                color.B = 136;
                color.A = 100;
                line.Stroke = new SolidColorBrush(color);
                line.StrokeThickness = 2;
                TextBlock tb = new TextBlock();
                tb.Foreground = new SolidColorBrush(Colors.Red);
                tb.Text = ""  + i;
                grdBackground.Children.Add(tb);
                grdBackground.Children.Add(line);
                //   listBottom.Add(tb);
                Canvas.SetTop(tb, grdMain.Height – (grdMain.Height / (MaxReg – MinReg))
* (i – MinReg));

                Canvas.SetLeft(tb, 0);
            }
            //设置线条颜色
            pline.Stroke = new SolidColorBrush(Colors.Red);
            //设置线条宽度
            pline.StrokeThickness = 1;
            //添加第一个点
            pline.Points.Add(new Point(0, this.grdMain.Height));
            //将折线控件作为子控件添加到界面
            this.grdMain.Children.Add(pline);
        }
        /// <summary>
        /// 清空折线
```

```
///  </summary>
public void ClearLines()
{
    //清空柱状集合
    pline.Points.Clear();
    //清空界面
    this.grdMain.Children.Clear();
}
#endregion
private void UserControl_Loaded_1(object sender, RoutedEventArgs e)
{
    DrawBackground();
}
}
}
```

14）启动项目进行测试，就可以看到图3-6所示的界面。

3.2 WPF动画

在WPF中，可以使用声明的方式构建动画，甚至不需要任何后台代码就可以实现动画效果。WPF提供的动画模型和强大的类库，使实现一般动画变得轻而易举。下面重点介绍WPF中的3种基本动画——线性插值、关键帧和路径动画。

在System. Windows. Media. Animation这个命名空间中，包含了3种动画类：线性插值动画类、关键帧动画类、路径动画类。使用Animation类，需要引入命名空间：System. Windows. Media. Animation。

1. 线性插值动画

线性插值动画表现为元素的某个属性，在"开始值"和"结束值"之间逐步增加，这就是一种线性插值的过程。例如，如果要实现一个按钮的淡入效果，则可以让它的透明度Opacity在0～1之间线性增长，即可实现动画。

下面是System. Windows. Media. Animation命名空间中，17个线性插值动画类。

- ByteAnimation。

- ColorAnimation。

- DecimalAnimation。

- DoubleAnimation。

- Int16Animation。

- Int32Animation。

- Int64Animation。

- Point3DAnimation。

- PointAnimation。

- QuaternionAnimation。

- RectAnimation。

- Rotation3DAnimation。

- SingleAnimation。

- SizeAnimation。

- ThicknessAnimation。

- Vector3DAnimation。

- VectorAnimation。

【例3-5】在WPF中，以DoubleAnimation为例，实现文字的淡入效果，运行效果如图3-7和图3-8所示。

图3-7　程序运行开始效果　　　　图3-8　程序运行结束效果

操作步骤如下：

1）新建一个"Demo_3_5"WPF应用程序项目。

2）在"MainWindow.xaml"中添加如下代码：

```
<Window x:Class="Demo_3_5.MainWindow"    xmlns="http://schemas.microsoft.
com/winfx/2006/xaml/presentation"
    xmlns:x="http://schemas.microsoft.com/winfx/2006/xaml"
    Title="淡入效果" Height="200" Width="300">
    <Grid>
        <TextBlock Foreground="#ff6639" FontSize="40" Name="text1" Text="淡入
效果" Margin="63,52,58,66" />
```

```
        </Grid>
</Window>
```

3）在"MainWindow.xaml.cs"中添加如下代码：

```
namespace Demo_3_5
{
    public partial class MainWindow : Window
    {
        public MainWindow()
        {
            InitializeComponent();
            DoubleAnimation da = new DoubleAnimation();
            da.From = 0;        //起始值
            da.To = 1;          //结束值
            da.Duration = TimeSpan.FromSeconds(5);          //动画持续时间
            this.text1.BeginAnimation(TextBlock.OpacityProperty, da);//开始动画
        }
    }
}
```

4）启动项目进行测试，就可以看到图3-7和图3-8所示的界面效果。

【例3-6】在WPF中，以利用ThicknessAnimation为例，实现元素平移效果，运行效果如图3-9和图3-10所示。

图3-9　程序运行开始效果　　　　　　图3-10　程序运行结束效果

操作步骤如下：

1）新建一个"Demo_3_6"WPF应用程序项目。

2）在"MainWindow.xaml"中添加如下代码：

```
<Window x:Class=" Demo_3_6.MainWindow"
    xmlns=" http://schemas.microsoft.com/winfx/2006/xaml/presentation"
    xmlns:x=" http://schemas.microsoft.com/winfx/2006/xaml"
```

```
        Title=" 文字平移" Height=" 200" Width=" 300" >
        <Grid>
            <TextBlock Foreground=" #ff6639" Margin=" –137,64,0,61" FontSize=" 36"
Name=" textBlock1" Text=" 文字平移" HorizontalAlignment=" Left" Width=" 159" />
        </Grid>
</Window>
```

3）在"MainWindow. xaml. cs"中添加如下代码：

```
namespace Demo_3_6
{
    public partial class MainWindow : Window
    {
        public MainWindow()
        {
            InitializeComponent();
            //文字平移，Margin属性是Thickness类型，选择ThicknessAnimation
            ThicknessAnimation ta = new ThicknessAnimation();
            ta.From = new Thickness(0, 100, 0, 0);              //起始值
            ta.To = new Thickness(240, 100, 0, 0);             //结束值
            ta.Duration = TimeSpan.FromSeconds(3);            //动画持续时间
            this.textBlock1.BeginAnimation(TextBlock.MarginProperty, ta);//开始动画
        }
    }
}
```

4）启动项目进行测试，就可以看到图3-9和图3-10所示的界面效果。

2. 关键帧动画

关键帧动画是以时间为节点，在指定时间节点上，属性达到某个值。以下是System. Windows. Media. Animation命名空间中，22个关键帧动画类。

● BooleanAnimationUsingKeyFrames。

● ByteAnimationUsingKeyFrames。

● CharAnimationUsingKeyFrames。

● ColorAnimationUsingKeyFrames。

● DecimalAnimationUsingKeyFrames。

● DoubleAnimationUsingKeyFrames。

● Int16AnimationUsingKeyFrames。

- Int32AnimationUsingKeyFrames。

- Int64AnimationUsingKeyFrames。

- MatrixAnimationUsingKeyFrames。

- ObjectAnimationUsingKeyFrames。

- Point3DAnimationUsingKeyFrames。

- PointAnimationUsingKeyFrames。

- QuaternionAnimationUsingKeyFrames。

- RectAnimationUsingKeyFrames。

- Rotation3DAnimationUsingKeyFrames。

- SingleAnimationUsingKeyFrames。

- SizeAnimationUsingKeyFrames。

- StringAnimationUsingKeyFrames。

- ThicknessAnimationUsingKeyFrames。

- Vector3DAnimationUsingKeyFrames。

- VectorAnimationUsingKeyFrames。

【例3-7】在WPF中，利用Border宽度的关键帧动画，运行效果如图3-11和图3-12所示。

图3-11 程序运行开始效果　　　图3-12 程序运行结束效果

操作步骤如下：

1）新建一个"Demo_3_7"WPF应用程序项目。

2）在"MainWindow.xaml"中添加如下代码：

```
<Window x:Class=" Demo_3_7.MainWindow"
    xmlns=" http://schemas.microsoft.com/winfx/2006/xaml/presentation"
```

```
    xmlns:x=" http://schemas.microsoft.com/winfx/2006/xaml"
    Title=" 关键帧动画"  Height=" 200"  Width=" 300" >
    <Grid>
      <Border Width=" 0"  Background=" #ff6639"   Name=" border1"   HorizontalAlignment
=" Left"   Margin=" 137,79,0,43"  />
    </Grid>
  </Window>
```

3）在"MainWindow. xaml. cs"中添加如下代码：

```
namespace Demo_3_7
{
    public partial class MainWindow: Window
    {
        public MainWindow()
        {
            InitializeComponent();
            //Border宽度关键帧动画
            DoubleAnimationUsingKeyFrames dak = new DoubleAnimationUsingKeyFrames();
            //关键帧定义
            dak.KeyFrames.Add(new LinearDoubleKeyFrame(0, KeyTime.FromTimeSpan(TimeSpan.
FromSeconds(0))));

            dak.KeyFrames.Add(new LinearDoubleKeyFrame(240, KeyTime.FromTimeSpan(TimeSpan.
FromSeconds(3))));

            dak.KeyFrames.Add(new LinearDoubleKeyFrame(240, KeyTime.FromTimeSpan(TimeSpan.
FromSeconds(6))));

            dak.KeyFrames.Add(new LinearDoubleKeyFrame(0, KeyTime.FromTimeSpan(TimeSpan.
FromSeconds(9))));

            dak.BeginTime = TimeSpan.FromSeconds(2);//从第2秒开始动画
            dak.RepeatBehavior = new RepeatBehavior(3);//动画重复3次
            //开始动画
            this.border1.BeginAnimation(Border.WidthProperty, dak);
        }
    }
}
```

4）启动项目进行测试，就可以看到图3-11和图3-12所示的界面效果。

3．路径动画

基于路径的动画，比起前两种更加专业一些。它的表现方式是，修改数值使其符合
PathGeometry对象描述的形状，并且让元素沿着路径移动。以下是System. Windows.
Media. Animation 命名空间中，3个路径动画类。

- DoubleAnimationUsingPath。

- MatrixAnimationUsingPath。

- PointAnimationUsingPath。

【例3-8】在WPF中实现基于路径动画的演示，运行结果如图3-13所示。

图3-13　程序运行结果

操作步骤如下：

1）新建一个"Demo_3_8"WPF应用程序项目。

2）在"MainWindow.xaml"中添加如下代码：

```
<Window x:Class="Demo_3_8.MainWindow"
    xmlns="http://schemas.microsoft.com/winfx/2006/xaml/presentation"
    xmlns:x="http://schemas.microsoft.com/winfx/2006/xaml"
    Title="路径动画" Height="300" Width="300">
    <Window.Resources>
        <!--路径资源-->
        <PathGeometry x:Key="path">
            <PathFigure IsClosed="True">
                <ArcSegment Point="100,200" Size="20,10" SweepDirection="Clockwise"></ArcSegment>
                <ArcSegment Point="100,200" Size="5,5"></ArcSegment>
            </PathFigure>
        </PathGeometry>
    </Window.Resources>
    <!---事件触发器，窗体加载时动画开始，周期为6秒，无限循环-->
    <Window.Triggers>
        <EventTrigger RoutedEvent="Window.Loaded">
            <BeginStoryboard>
                <Storyboard>
                    <DoubleAnimationUsingPath Storyboard.TargetName="image" Storyboard.
```

```
TargetProperty="(Canvas.Left)"
                        PathGeometry="{StaticResource path}" Duration="0:0:6" RepeatBehavior=
"Forever" Source="X"></DoubleAnimationUsingPath>
                    <DoubleAnimationUsingPath Storyboard.TargetName="image" Storyboard.
TargetProperty="(Canvas.Top)"
                        PathGeometry="{StaticResource path}" Duration="0:0:6" RepeatBeh
avior="Forever" Source="Y"></DoubleAnimationUsingPath>
                </Storyboard>
            </BeginStoryboard>
        </EventTrigger>
    </Window.Triggers>
    <Canvas>
        <!--显示路径-->
        <Path Margin="30" Stroke="#ddd" Data="{StaticResource path}"></Path>
        <!--动画元素-->
        <Image Name="image" Source="m.png" Width="48" Height="48" />
    </Canvas>
</Window>
```

3）启动项目进行测试，就可以看到图3-13所示的界面。

工程案例

【例3-9】在WPF开发小区物业监控系统中，演示车辆沿轨迹运动的动画，运行结果如图3-14所示。

图3-14　程序运行结果

操作步骤如下：

1）新建一个"Demo_3_9" WPF应用程序项目。

2）在"MainWindow．xaml"中添加如下代码：

```
<Window x:Class="Demo_3_3.MainWindow"
        xmlns="http://schemas.microsoft.com/winfx/2006/xaml/presentation"
        xmlns:x="http://schemas.microsoft.com/winfx/2006/xaml"
        Title="MainWindow" Height="376.82" Width="826.724" >
    <Grid>
        <Grid.Background>
            <ImageBrush ImageSource="images/bg_road.png" />
        </Grid.Background>
        <Image x:Name="imgCar" HorizontalAlignment="Left" Height="135" VerticalAlignment="Center" Width="193" Source="images/truck.png" >
            <Image.RenderTransform>
                <TranslateTransform x:Name="car" X="0" Y="0" >
                </TranslateTransform>
            </Image.RenderTransform>
        </Image>
        <Button x:Name="btnCarGo" Click="btnCarGo_Click_1" Content="Go!!" HorizontalAlignment="Center" VerticalAlignment="Bottom" Width="75" Foreground="White" Background="#FF0068FF" />
    </Grid>
</Window>
```

3）在"MainWindow．xaml．cs"中添加如下代码：

```
private void btnCarGo_Click_1(object sender, RoutedEventArgs e)
{
    //简单动画———开始
    //定义简单动画实例
    DoubleAnimation da = new DoubleAnimation();
    //设置动画起点
    da.From = 0d;
    //设置动画终点
    da.To = this.Width + this.imgCar.Width;
    //设置动画时间
    da.Duration = new Duration(new TimeSpan(9999999));
    //开始动画，动画处理属性为X属性，执行对象为da的动画
    car.BeginAnimation(TranslateTransform.XProperty,da);
    //简单动画———结束
}
```

4）启动项目进行测试，就可以看到图3-14所示的界面。

3.3 WPF多媒体

下面介绍WPF的多媒体功能。使用多媒体功能可以将声音和视频集成到应用程序中，从而增强用户体验。

1. 媒体API

MediaElement和MediaPlayer用于播放音频、视频以及包含音频内容的视频。这两种类型都可以以交互方式或时钟驱动方式进行控制。这两种类型都至少依赖Microsoft Windows Media Player 10 OCX组件进行媒体播放。但这两种API的用法因具体情况而异。

2. 媒体播放模式

若要了解WPF中的媒体播放，需要先了解可播放媒体的不同模式。MediaElement和MediaPlayer可以用于两种不同的媒体模式中，即独立模式和时钟模式。媒体模式由Clock属性确定。如果Clock为null，则处于独立模式。如果Clock不为null，则处于时钟模式。默认情况下，媒体对象处于独立模式。

（1）独立模式

在独立模式下，由媒体内容驱动媒体播放。独立模式实现了下列功能选项：

1）可直接指定媒体的URL。

2）可直接控制媒体播放。

3）可修改媒体的Position和SpeedRatio属性。

4）通过设置MediaElement对象的Source属性或调用MediaPlayer对象的Open方法来加载媒体。

5）若要在独立模式下控制媒体播放，可使用媒体对象的控制方法。媒体对象提供了下列控制方法：Play、Pause、Close和Stop。对于MediaElement，仅当将LoadedBehavior设置为 Manual时，使用这些方法的交互式控件才可用。当媒体对象处于时钟模式时，这些方法将不可用。

（2）时钟模式

在时钟模式下，由MediaTimeline驱动媒体播放。时钟模式具有下列特征：

1）媒体的Uri是通过MediaTimeline间接设置的。

2）可由时钟控制媒体播放。不能使用媒体对象的控制方法。

3）可通过以下方法加载媒体：设置MediaTimeline对象的Source属性，从时间线创建时钟，并将时钟分配给媒体对象。当位于Storyboard中的MediaTimeline针对

MediaElement时，也可用这种方法加载媒体。

4）若要在时钟模式下控制媒体播放，则必须使用ClockController控制方法。ClockController是从MediaClock的ClockController属性获取的。如果尝试在时钟模式下使用MediaElement或MediaPlayer对象的控制方法，则会引发InvalidOperation-Exception。

3．WPF中播放声音

在WPF中，较简单、较容易播放音频的方式是使用SoundPlayer类。它是对Win32 PlaySound API的封装。传递给SoundPlayer构造函数的字符串可以是本地的一个文件名，也可以是网络上的文件。调用Play方法具有以下限制：

1）仅支持.wav音频文件。

2）不支持同时播放多个音频（任何新播放的操作都将终止当前正在播放的音频）。

3）无法控制声音的音量。

下面的代码展示了如何使用SoundPlayer播放声音：

```
SoundPlayer player = new SoundPlayer("BLOW.WAV");
player.Play();
```

如果想同步播放声音，则可以使用PlaySync方法。当然，想异步循环播放，可以使用PlayLooping方法，直到调用Stop或重新播放一个新的声音为止。

使用WPF专用的MediaPlayer类，它是基于Windows Media Player构建起来的，因此，只要是Windows Media Player支持的格式，它都能播放（包括视频）。

MediaPlayer具有以下特性：

1）可以同时播放多个声音。

2）可以调整音量。

3）可以使用Play、Pause、Stop等方法进行控制。

4）可以设置IsMuted属性为True来实现静音。

5）可以用Balance属性来调整左右扬声器的平衡。

6）可以通过SpeedRatio属性控制音频播放的速度。

7）可以通过NaturalDuration属性得到音频的长度，通过Position属性得到当前播放的进度。

8）可以通过Position属性进行Seek。

使用MediaPlayer播放音频文件如下：

```
MediaPlayer player = new MediaPlayer ();
player.Open(new Uri("BLOW.WAV",UriKind.Relative));
player.Play();
```

一个MediaPlayer对象一次只能播放一个文件。而且该文件是异步播放的，也可以调用Close来释放文件。

【例3-10】在WPF中，使用MediaElement和MediaTimeline来播放音频文件,运行结果如图3-15所示。

图3-15 程序运行结果

操作步骤如下：

1）新建一个"Demo_3_10"WPF应用程序项目。

2）在"MainWindow. xaml"中添加如下代码：

```
<Window x:Class=" Demo_3_10.MainWindow"
    xmlns=" http://schemas.microsoft.com/winfx/2006/xaml/presentation"
    xmlns:x=" http://schemas.microsoft.com/winfx/2006/xaml"
    Title=" 播放声音"  Height=" 150"  Width=" 300" >
    <Grid>
        <MediaElement Name=" sound" />
        <Button Content=" 播  放" >
            <Button.Triggers>
                <EventTrigger RoutedEvent=" Button.Click" >
                    <BeginStoryboard>
                        <Storyboard>
                            <MediaTimeline Source=" sound.wav"  Storyboard.TargetName=
" sound" />
                        </Storyboard>
                    </BeginStoryboard>
                </EventTrigger>
            </Button.Triggers>
        </Button>
    </Grid>
```

```
</Window>
```

3）启动项目进行测试，就可以看到图3-15所示的界面。

4．在WPF中播放视频

WPF视频主要基于MediaPlayer类。那么如何才能正确地使用WPF视频来轻松实现相关功能需求呢？下面为读者介绍相关方法。

WPF开发工具的好处是显而易见的，很多开发人员在使用了这一开发工具后，都对自己的程序在美观程度上有很大的满足感。WPF视频支持也基于MediaPlayer类，以及和它相关的MediaElement和MediaTimeline。

WPF视频的播放和音频有些相似，通过设置Source属性为视频文件即可。如果使用MediaPlayer，那么由于视频的播放需要显示窗口，而MediaPlayer是为程序代码设计的，因此要显示MediaPlayer加载的媒体，必须使用VideoDrawing或DrawingContext。

【例3-11】在WPF中使用MediaElement播放视频文件，运行结果如图3-16所示。

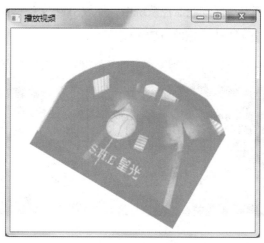

图3-16　程序运行结果

操作步骤如下：

1）新建一个"Demo_3_11"WPF应用程序项目。

2）在"MainWindow.xaml"中添加如下代码：

```xml
<Window x:Class=" Demo_3_11.MainWindow"
        xmlns=" http://schemas.microsoft.com/winfx/2006/xaml/presentation"
        xmlns:x=" http://schemas.microsoft.com/winfx/2006/xaml"
        Title=" 播放视频" Height=" 350" Width=" 400" >
    <Grid>
```

```
<MediaElement Source="video.wmv" Opacity="0.5" >
    <MediaElement.Clip>
        <EllipseGeometry Center="150 150" RadiusX="160" RadiusY="160" />
    </MediaElement.Clip>
            <MediaElement.LayoutTransform>
                <RotateTransform Angle="30" />
            </MediaElement.LayoutTransform>
    </MediaElement>
</Grid>
</Window>
```

5. WPF中的Flash视频

WPF视频中需要注意的一个问题是，媒体文件不能是嵌入式资源。MediaPlayer能够理解的路径是绝对路径、相对文件路径或一个URL。WPF中没有直接提供播放Flash的控件。

【例3-12】在WPF开发小区物业监控系统中，播放SWF文件，在系统主界面中单击不同的按钮实现不同的音效，运行结果如图3-17所示。

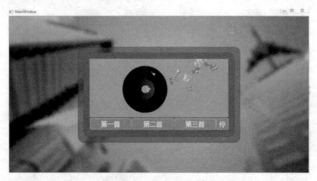

图3-17 程序运行结果

操作步骤如下：

1）新建一个"Demo_3_12"WPF应用程序项目。

2）在"MainWindow.xaml"中添加如下代码，完成界面制作，详细代码请参考源文件。

```
<Window x:Class="Demo_3_12.MainWindow"
xmlns="http://schemas.microsoft.com/winfx/2006/xaml/presentation"
xmlns:x="http://schemas.microsoft.com/winfx/2006/xaml"
xmlns:wfc="clr-namespace:Dome_3_3_WimFormControlLibrary;assembly=Dome_3_3_WimFormControlLibrary"
Title="MainWindow" Height="581.992" Width="1089.56" Loaded="Window_
```

```
Loaded" >
    <Grid>
        ......
        </Grid>
    </Window>
```

3）在"MainWindow.xaml.cs"中添加如下代码：

```
namespace Demo_3_12
{
    public partial class MainWindow : Window
    {
        public MainWindow()
        {
            InitializeComponent();
        }
        //定义媒体播放
        using System.Media;
        MediaPlayer player;
        private void Window_Loaded(object sender, RoutedEventArgs e)
        {
            //实例化媒体播放
            player = new MediaPlayer();
            //调用自定义控件，加载动画方法
            FlashPlay.LoadMovie(AppDomain.CurrentDomain.BaseDirectory + "flash3918.swf");
            //播放动画
            FlashPlay.Play();
        }
        // 音乐播放按钮单击事件
        private void btnPlay_Click(object sender, RoutedEventArgs e)
        {
            Button btn=((Button)sender);
            //停止之前播放的媒体
            player.Stop();
            //打开媒体
            player.Open(new Uri(btn.Tag + ".mp3", UriKind.Relative));
            //播放
            player.Play();
        }
        // 停止播放按钮单击事件
        private void btnPlayStop_Click(object sender, RoutedEventArgs e)
        {
```

```
            //停止播放
            player.Stop();
        }
    }
}
```

4）在项目中添加Windows窗体控件库，命名为"Dome_3_12_WimFormControl Library"，并在其中的用户控件中添加如下代码：

```
namespace Demo_3_12_WimFormControlLibrary
{
    public partial class UserControl1: UserControl
    {
        public UserControl1()
        {
            InitializeComponent();
        }

        public new int Width
        {
            get { return axShockwaveFlash.Width; }
            set { axShockwaveFlash.Width = value; }
        }
        public new int Height
        {
            get { return axShockwaveFlash.Height; }
            set { axShockwaveFlash.Height = value; }
        }
        public void LoadMovie(string strPath)
        {
            axShockwaveFlash.LoadMovie(0, strPath);
        }
        public void Play()
        {
            axShockwaveFlash.Play();
        }
        public void Stop()
        {
            axShockwaveFlash.Stop();
        }
    }
}
```

3.4　小结

本章主要介绍了WPF图形和多媒体开发。首先，分析在整个小区物业监控系统中"WPF图形和多媒体开发"有什么样的应用？在哪些地方会出现这些应用？接下来，分别对WPF的基本图形；WPF中绘画的笔刷；WPF中直线段、矩形、椭圆的画法；WPF中的基本动画（线性插值、关键帧和路径动画）；WPF中的多媒体开发；音频的使用；视频的使用；Flash动画的播放等内容进行了基础实例演示。

学习这一章应把重点放在"WPF中图形和多媒体开发"的基础应用上，进而理解在整个系统中如何集成开发。

3.5　习题

1．简答题

1）简述WPF图形和多媒体开发有什么样的应用，进行简要说明。

2）WPF中的基本动画分为哪几种？各有什么特点？

2．操作题

1）创建一个WPF应用程序，界面效果如图3-18所示，要求在界面上生成柱状图。

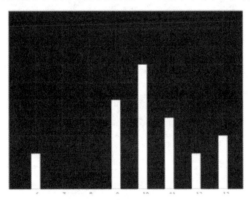

图3-18　柱状图界面效果

2）参考前面的工程实例创建一个WPF应用程序，界面效果如图3-19所示，实现单击不同的按钮播放不同的Flash动画的效果。

图3-19　Flash动画界面效果

Chapter 4

第④章

数据库操作

通过前面章节的学习，读者已经熟悉了整个"小区物业监控系统"中模块的界面制作和动画显现方法。例如，完成了用户注册、用户登录模块的界面设计，但是如何真正实现用户数据的注册，这必须要使用数据库保存数据，如何实现用户登录功能，这必须要使用数据库查询实现。同样，可以实现监控数据的存储与查询，监控信息的记录与读取，要完成这些功能就要在系统开发时使用数据库技术。

本章主要是帮助读者熟悉WPF数据库技术。为了与前面的案例有延续性，这里选取的典型案例为通用性较强的"登录""注册"模块的实现。当然，实现监控数据的存储与查询、监控信息的记录与读取与之类似。本章具体相关模块如图4-1阴影所示。

要完成这个实例，必须先熟悉数据库操作开发功能：数据库应用系统由后台数据库与前台数据库应用程序组成，后台数据库包括数据表、索引、视图、存储过程、函数、触发器等数据对象；前台数据库应用程序是用各类开发工具（如C#、Java等）编写的应用程序。每部分内容都进行了实例演示，包括"登录"和"注册"模块的具体实现过程。

学习本章应把重点放在ADO.NET数据库的操作技术上，并通过案例指导，最终实现小区物业监控系统数据库应用程序的开发。

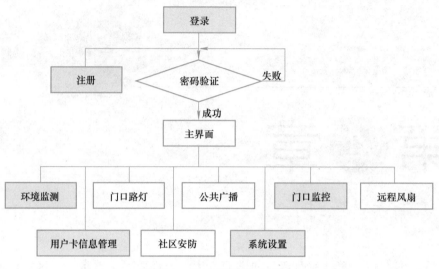

图4-1　第4章相关模块示意

📥 本章重点

- 熟悉SQL Server集成开发环境。

- 掌握数据库查询与更新语句。

- 掌握ADO.NET数据访问技术。

- 学会使用ADO.NET、实体数据模型和LINQ（Language Integrated Query，语言集成查询）等进行数据库应用程序的开发。

使用WPF开发小区物业监控系统，实现与后台数据库的连接，实现用户的注册和登录。

在使用WPF开发的小区物业监控系统中，注册和登录的界面如图4-2所示。

图4-2　用户注册和登录界面

在这个简单的综合案例中，会涉及WPF中有关数据库等的基础知识。下面就先来学习这些知识点，然后开始本案例的编程实现。

4.1 SQL Server数据库基础

SQL Server是由Microsoft开发和推广的关系数据库管理系统（RDBMS）。SQL Server 2012是Microsoft公司于2012年推出的最新版本，包括企业版（Enterprise）、标准版（Standard）、商业智能版（Business Intelligence）等。SQL Server 2012可以运行于Windows 7、Windows Server 2008、Windows Vista等Windows系列的多种操作系统上。SQL Server 2012作为大型网络关系型数据库管理系统，可用于大型的数据库管理、大型的联机事务处理、数据仓库及电子商务等。

1．SQL Server集成化开发环境

SQL Server 2012提供图形化的数据库开发和管理工具，其中SQL Server Management Studio（简称SSMS）就是 SQL Server提供的一种集成化开发环境。

SQL Server安装到系统中后，将作为一个服务由操作系统监控，而SSMS是作为一个单独的进程运行的。

打开SSMS，并且连接到SQL Server服务器，具体操作步骤如下：

1）单击"开始"按钮，在弹出的菜单中执行"所有程序"→"Microsoft SQL Server 2012"→"SQL Server Management Studio"命令，打开SQL Server的"连接到服务器"对话框，选择完相关信息后，单击"连接"按钮，如图4-3所示。

图4-3 "连接到服务器"对话框

2）连接成功，进入SSMS的主界面，该界面左侧显示的是"对象资源管理器"窗口，如图4-4所示的两个组件，可以方便用户在开发时对数据进行操作和管理。

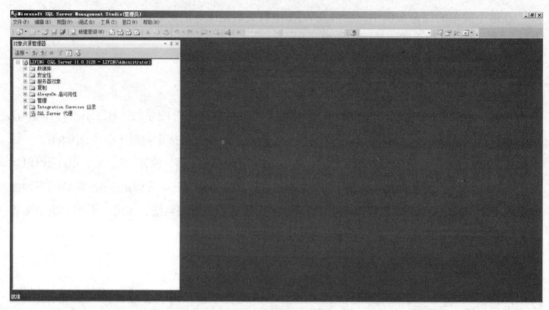

图4-4 SSMS图形界面

2. 数据库的日常维护操作

数据库的日常维护操作包括数据库的创建与维护、数据表的创建与维护、约束的创建与维护、索引的创建与维护。在本节中，将简单介绍如何使用SSMS（SQL Server Management Studio）图形化界面的形式进行数据维护。

（1）数据库的创建

在SSMS中创建数据库可按以下步骤进行：

1）启动SSMS集成环境，在"对象资源管理器"窗口中，展开"数据库"结点，然后弹出"新建数据库"命令，弹出"新建数据库"窗口，如图4-5所示。

2）在"常规"选项卡内的"数据库名称"文本框中输入数据库名（如MonitorDB），设置其所有者，系统会自动生成数据库的数据文件和日志文件的逻辑名称，然后用户可以根据项目的实际需要，分别对数据文件和日志文件的初始大小、自动增长方式、容量限制和存储位置进行设置。

3）在"选项"选项卡内设置数据库的排序规则、恢复模式等。在"文件组"选项卡内可以创建自定义文件组，并将之前创建的二级数据文件存放在自定义文件组或主文件组上，统一管理。

4）单击"确定"按钮，数据库就创建好了，此时在对象资源管理器中可以看到新建的数据库MonitorDB。

图4-5 "新建数据库"窗口

（2）数据库的维护

对创建好的数据库，可以在SSMS集成环境下查看数据库的基本信息，并对其进行有效的管理和维护。

1）查看数据库信息。在对象资源管理器中，在要查看的数据库（如MonitorDB）上单击鼠标右键，在弹出的快捷菜单中选择"属性"命令，出现如图4-6所示的"数据库属性窗口"，然后再分别选择"常规""文件""文件组""选项""权限"及"扩展属性"等选项卡，查看和修改数据库的相关信息。

2）增加数据库的初始大小。在"数据库属性"窗口中，选择"文件"选项卡，在"初始大小"文本框中输入或微调数据文件及日志文件的初始大小，然后单击"确定"按钮，保存数据文件或日志文件的初始大小设置。

3）调整数据库文件的自动增长大小。在图4-5中，通过单击数据文件或日志文件"自动增长/最大大小"右边的 … 按钮，弹出数据库空间自动增长设置对话框，如图4-7所示。

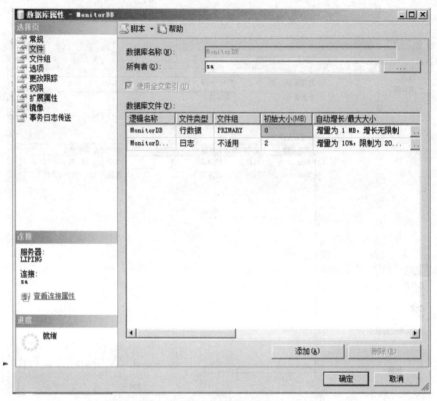

图4-6 "数据库属性"窗口

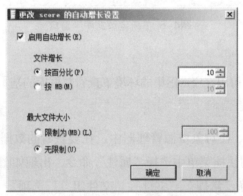

图4-7 数据库空间自动增长设置对话框

4）收缩数据库空间。如果数据库初始大小或文件自动增长大小的值指定得太大，而实际数据库占用的存储空间很小，那么就造成了存储资源的浪费，这时可以通过数据库的收缩功能进行调整。

在选中的数据库上单击鼠标右键，在弹出的快捷菜单中选择"任务"→"收缩"→"数据库"命令，弹出如图4-8所示的"收缩数据库"窗口。勾选"在释放未使用的空间前重新组织文件。选中此选项可能会影响性能（R）。"复选框，在其下的文本框中输入收缩比例，单击"确定"按钮完成数据库的收缩。

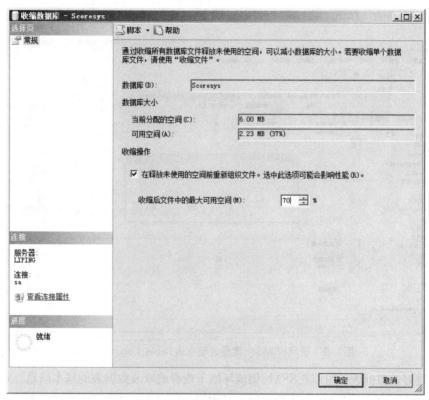

图4-8 收缩数据库

5）数据库重命名。在重命名数据库之前，应该确保没有用户使用该数据库。在选中的数据库上单击鼠标右键，在弹出的快捷菜单中选择"重命名"命令。

6）删除数据库。当数据库及其中的数据失去利用价值以后，可以删除数据库以释放被其占用的磁盘空间。在选中的数据库上单击鼠标右键，在弹出的快捷菜单中选择"删除"命令，即可删除数据库。

（3）数据表的创建与维护

在SSMS中为用户提供了方便的图形化工具以创建和管理表。这里以创建小区物业监控系统数据库MonitorDB中的登录信息表Table_LoginRecord为例，介绍使用SSMS创建数据表的具体步骤。

1）启动SSMS集成环境，在"对象资源管理器"窗口中，依次展开"数据库"的MonitorDB结点。

2）在数据库MonitorDB的展开列表中选中"表"结点，单击鼠标右键，在弹出的快捷菜单中选择"新建表"命令，弹出创建表对话框，如图4-9所示，在此输入表的列名，选择数据类型、数据长度与精度，规定该列数据是否允许为空，并设置表格中的各种约束条件。

3）进行各类约束的设置，关于约束的概念和具体创建方法将在后文中介绍。

4）单击"保存"按钮，输入表名，单击"确定"按钮，该表就被保存到数据库中了。

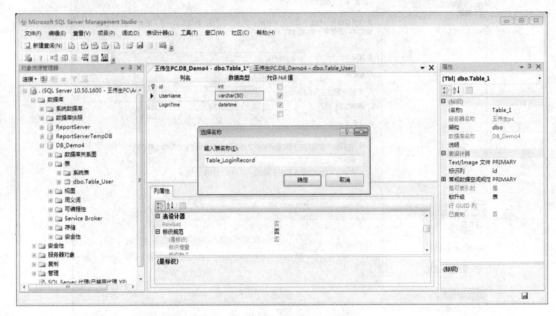

图4-9　使用SSMS创建登录信息表Table_LoginRecord

对创建好的数据表，可以在SSMS集成环境下查看或修改数据表的基本信息，并对其进行有效的管理和维护。在选中的表上单击鼠标右键，在弹出的快捷菜单中选择"重命名"命令可以进行表的重命名，选择"删除"命令可以进行表的删除。

（4）数据记录的输入与删除

在要输入记录的表上单击鼠标右键，在弹出的快捷菜单中选择"编辑前200行"命令，弹出数据录入窗口，如图4-10所示。在空白行中输入相关的数据。同时，也可以在此窗口中修改之前已经输入的数据。

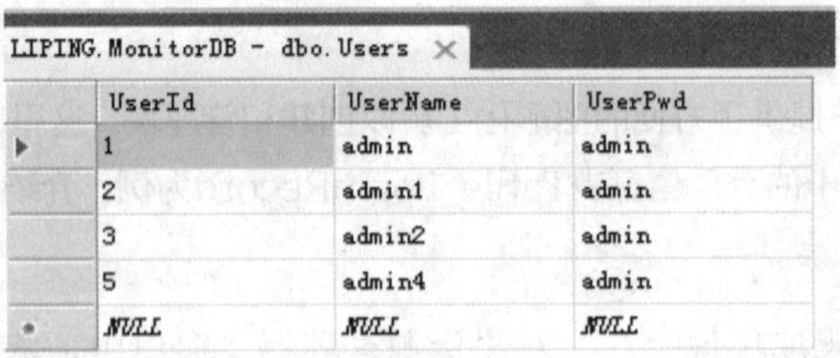

LIPING.MonitorDB - dbo.Users		
UserId	UserName	UserPwd
1	admin	admin
2	admin1	admin
3	admin2	admin
5	admin4	admin
NULL	*NULL*	*NULL*

图4-10　数据录入窗口

直接在表中删除记录的方法是：在图4-10中，选定要删除的记录，单击鼠标右键，在弹出的快捷菜单中选择"删除"命令。

（5）约束的创建与维护

约束是实现数据完整性、一致性和有效性的重要方法，下面介绍如何在SSMS中使用图形化工具来创建和维护约束。

1）主键约束。在"对象资源管理器"窗口中，打开要设置主键的表，进入"表设计器"窗口。选定要设置主键的列或列的组合，单击鼠标右键弹出"表结构维护"菜单，如图4-9所示，选择"设置主键"命令，完成主键的设置。主键构成字段前出现图标。主键的移除与主键的设置方法类似。

2）外键约束。外键约束主要用于维护两个表之间的一致性，即外键的值必须引用另一个表主键的值。例如，用户登录信息表中Table_LoginRecord的用户名UserName应与用户表Users中的唯一性约束用户名UserName相关，该列是Table_LoginRecord的外键。下面介绍在SSMS中外键的创建方法。

① 在要创建外键联系的表Table_LoginRecord的表设计器窗口中，在任意行上单击鼠标右键，在弹出的快捷菜单中选择"关系"命令，弹出如图4-11所示的"外键关系"对话框。

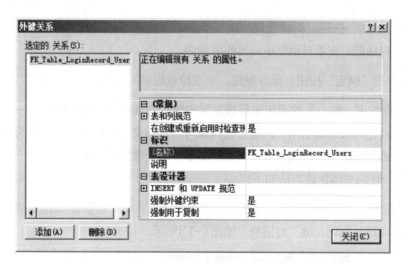

图4-11 "外键关系"对话框

② 在"外键关系"对话框中单击"添加"按钮增加新的外键关系。如果要修改已经建立的约束，则可以从"选定的关系"列表框中选择对应的关系名。如果是删除约束，则单击"删除"按钮。

③ 单击"表和列规范"右边的 ... 按钮，打开"表和列"对话框，输入关系名，选择主键表、主键、外键表与外键。如图4-12所示，在主键表中选择Users，选择主键为UserName；在外键表中选择Table_LoginRecord，选择外键为UserName。

④ 单击"确定"按钮返回"外键关系"对话框。在图4-11中可以选择"在创建或重新启用时检查现有数据"选项。

图4-12 "表和列"对话框

3）检查约束。检查约束，通过使用逻辑表达式来限制列上可以接受的值，要进入数据表的数据，必须符合条件才可以通过。设置步骤如下：

① 在数据库表的设计界面上，在任意行上单击鼠标右键，在弹出的快捷菜单中选择"CHECK约束"命令，打开"CHECK约束"对话框。

② 单击"添加"按钮，新建检查约束。单击"表达式"右边的 ⋯ 按钮，打开"check约束表达式"对话框，在该对话框中设置约束条件。

③ 依次单击"确定"按钮，保存设置，完成检查约束的设置。

4）唯一性约束。唯一性约束用于保证某字段数据的唯一性。与主键约束一样，设置了唯一性约束的字段也可被外键引用。但唯一性约束与主键约束也有区别：唯一性约束允许该列存在空值，而主键不允许空值；在一个表上可定义多个唯一性约束，但只能定义一个主键约束。在SSMS中唯一性约束的创建方法如下：

① 在数据库表的设计界面上，在任意行上单击鼠标右键，在弹出的快捷菜单中选择"索引/键"命令，打开"索引/键"对话框，如图4-13所示。

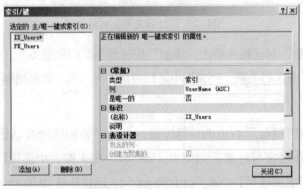

图4-13 "索引/键"对话框

② 选择类型为"唯一键"，选择要设置为唯一性的列为"UserName"。

③ 设置完成后，关闭已打开的对话框，保存设置。

5）默认约束。默认约束指在记录建立后用户没有输入字段值时，该字段值是由系统自动提供的。

3．数据查询语句

数据查询语句具有极强的查询与统计汇总功能，语句一般格式如下：

Select　　[All | Distinct]　<目标表达式1> [，……n]
From　　<表名 | 视图名> [，……n]
[Where　　<条件表达式>]
[Group　By　<表达式列表>]
[Having　<条件表达式>]
[Order　By　<表达式>　[Asc | Desc]]

1）Select　<目标表达式1> [，……n]为投影运算，"目标表达式"指定了结果集中要包含的数据列，子句的目标表达式有4种表达方式，如图4-14a所示。

2）From　<表名|视图名>指定了查询的数据源。当数据源为单个表时，该查询为简单查询；当数据源超过1个表时，该查询为连接查询，连接方式有6种表达方式，如图4-14b所示。

3）Where　<条件表达式>为选择运算，指定了数据源中的行需要满足的筛选条件，有6种表达方式，如图4-14c所示。在Where子句中还允许进行嵌套子查询与相关子查询。

图4-14　目标表达式、连接方式、条件表达式的表达方式

a）目标表达式的4种表达方式　b）连接方式的6种表达方式　c）条件表达式的6种表达方式

4）Group　By　<表达式列表>为分组语句，通常需要在分组的情况下进行统计运算。

5）Having　<条件表达式>为附加选择运算，用来向使用Group By子句的查询添加数据筛选条件。

6）Order　By　<表达式>　[Asc | Desc] 为排序运算，指定了结果集中行的排列顺序。

4．数据更新语句

（1）Insert 语句

语句格式1：

Insert [Into]<数据表名>[字段名表] Values（字段值）

语句格式2：

Insert [Into]<数据表名>[字段名表] Select 子句

（2）Update语句

Update <数据表名> Set <字段名>=<表达式值> Where <条件表达式>

（3）Delete与Truncate语句

Delete From <数据表名> Where <条件表达式>
Truncate Table <数据表名>

4.2　ADO.NET操作数据库

1．ADO.NET概述

（1）ADO.NET访问数据源的方式

ASP.NET通过ADO.NET来访问数据库，ADO.NET完全兼容于OLE　DB兼容数据库，因此，无论采取的是什么类型数据库，只要该数据库有OLE　DB驱动程序，ADO.NET就能够访问。由图4-15可知，ADO.NET通过以下两个.NET数据提供程序来访问数据源。

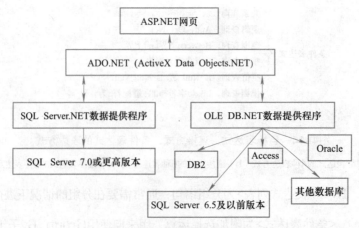

图4-15　ADO.NET访问数据源的方式

1）SQL Server.NET数据提供程序：用来访问SQL Server 7.0或更高版本的数据库，它位于System.Data.SqlClient命名空间，访问SQL Server数据库的效率比使用OLE DB.NET数据提供程序高。

2）OLE DB.NET数据提供程序：用来访问Access、SQL Server 6.5及更旧版本或其他数据库，只要该数据库有对应的OLE DB驱动程序，则ADO.NET就能够访问。

（2）ADO.NET的体系结构

ADO.NET的体系结构如图4-16所示，包括两大核心组件：.NET数据提供程序和DataSet数据集。.NET数据提供程序用于连接到数据库、执行命令及检索结果，包含4个核心对象，即Connection对象、Command对象、DataReader对象和DataAdapter对象。Connection对象用于与数据源建立连接，Command对象用于对数据源执行命令，DataReader对象用于从数据源中检索只读、只向前的数据流，DataAdapter对象用于将数据源的数据填充至DataSet数据集并更新数据集。

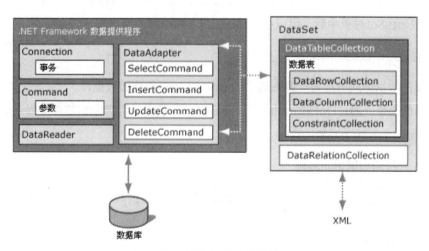

图4-16 ADO.NET的体系结构

（3）ADO.NET的命名空间

在ASP.NET文件中通过ADO.NET访问数据需要引入的几个命名空间见表4-1。

表4-1 ADO.NET命名空间

ADO.NET命名空间	说明
System.Data	提供ADO.NET构架的基类
System.Data.OleDB	针对OLE DB数据所设计的数据存取类
System.Data.SqlClient	针对SQL Server数据所设计的数据存取类

在System.Data中提供了许多ADO.NET构架的基类，用于管理和存取不同数据源的数据，DataSet对象是ADO.NET的核心。

System.Data.OleDB和 System.Data.SqlClient是ADO.NET中负责建立数据连接的类，又称为Managed Provider，各自含有的对象如下：

1）System.Data.OleDB包括OleDBConnection、OleDBCommand、OleDBDataAdapter、OleDBDataReader。

2）System.Data.SqlClient包括SqlConnection、SqlCommand、SqlDataAdapter、SqlDataReader。

2. ADO.NET数据访问流程

ADO.NET访问数据库的方式有两种，即有连接的访问和无连接的访问。

有连接的访问用DataReader对象返回操作结果，速度快，但是一种独占式的访问，效率并不高。

无连接的访问用DataSet对象返回结果，DataSet对象可以看作一个内存数据库，访问的结果存放到DataSet对象中后，可以在DataSet内存数据库中操作表，效率更高。

（1）有连接的数据访问流程

有连接的数据访问流程为：首先通过Connection对象连接数据库，然后通过Command对象执行操作命令。通过DataReader对象将数据一一读出，再绑定到控件上显示。操作结束后必须关闭Connection对象的连接。

（2）无连接的数据访问流程

无连接的数据访问流程为：首先通过Connection对象连接数据库，然后通过DataAdapter对象指定执行操作命令，创建DataSet数据库对象，将DataAdapter对象执行SQL语句返回的结果使用Fill方法填充至DataSet对象。

DataAdapter对象还可以通过Update方法实现，以内存数据库DataSet对象中的数据来更新外存数据库。

3. 常用ADO.NET对象的使用

（1）Connection对象

Connection对象用来打开和关闭数据库连接。Access和SQL Server 7.0及以上版本数据库，创建数据库连接的语法如下：

```
OleDbConnection con= new OleDbConnection ( connectionString ) ;      //Access数据库
SqlConnection con=new SqlConnection(connectionString);      //SQL Server数据库
```

1）连接OLE DB兼容数据库常用的参数。例如，下面的3个字符串分别用来打开

Oracle、Access及SQL Server 6.5或以前版本的数据库，其中，Data Source参数为数据源的实际路径。

"Provider=MSDAORA；Data Source=ORACLE8i7；User ID=Jerry；Password=f658"

"Provider=Microsoft.Jet.OLEDB.4.0；Data Source=d:\data.mdb"

"Provider=SQLOLEDB；Data Source=WWW；Integrated Security=SSPI"

2）连接SQL Server 7.0或更新版本数据库的常用参数（见表4-2）。

表4-2　连接SQL Server 7.0或更新版本数据库的常用参数

参数名称	说明
Connection Timeout	设置SqlConnection对象连接SQL Server数据库的逾期时间，单位为s，若在设置的时间内无法连接数据库，则返回失败
Data Source（或Server、Address）	设置欲连接的SQL Server服务器的名称或IP地址
Database（或Initial Catalog）	设置欲连接的数据库名称
Packet Size	设置用来与SQL Server沟通的网络数据包大小，单位为B，有效值为512～32 767，若发送或接收大量的文字，则Packet Size大于8192B的效率会更高
User Id与PassWord（或Pwd）	设置登录SQL Server的账号及密码

例如，连接SQL Server数据库的语句可以这样写：

"Data Source=localhost；Initial catalog=Alumni_sys；User Id=Sa;Pwd=Sa "

3）Connection对象的方法。

① Open()：打开数据库。

② Close()：关闭数据库连接。不使用数据源时，使用该方法关闭与数据源的连接。

（2）Command对象

使用Connection对象创建数据连接之后，就可使用Command对象执行各种SQL命令并返回结果。

创建Command对象的语法如下：

```
OleDbCommand cmd =new OleDbCommand（cmdText，connectioin）；  //Access数据库
SqlCommand  cmd =new SqlCommand（cmdText，connection）;//SQL Server数据库
```

1）Command对象的常用属性。

① CommandText属性：获取或设置执行的SQL命令、存储过程名称或数据表名称。

② CommandType属性：获取或设置命令类别。

③Connection属性：获取或设置Command对象所要使用的数据连接对象。

2）Command对象的常用方法。

①ExecuteNonQuery方法：执行CommandText属性指定的内容，并返回被影响的列数。

②ExecuteReader方法：执行CommandText指定的内容，创建DataReader对象。

③ExecuteScalar方法：执行CommandText属性指定的内容，并返回执行结果第一列第一栏的值。

（3）DataReader对象

对于只需顺序显示数据表中记录的应用而言，DataReader对象是比较理想的选择。可以通过Command对象的ExecuteReader方法创建DataReader对象。

建立DataReader对象的语法如下：

```
OleDbDataReader dr= cmd.ExecuteReader();          //Access数据库
SqlDataReader dr = cmd.ExecuteReader();           //SQL Server数据库
```

1）DataReader对象的属性。

①FieldCount属性：获取字段数目。

②IsClosed属性：获取DataReader对象的状态，True表示关闭，False表示打开。

③RecordsAffected属性：获取执行Insert等命令后受到影响，若没有受到影响，则返回0。

2）DataReader对象的方法。

①Close()：关闭DataReader对象。

②Reader()：读取下一条数据并返回布尔值，返回True表示还有下一条数据，返回False表示没有下一条数据。

（4）DataAdapter对象

使用Connection对象创建数据连接后，可以使用DataAdapter对象对数据源执行各种SQL命令并返回结果。

1）创建DataAdapter对象。

创建DataAdapter对象的语法如下：

```
SqlDataAdapter dp= new SqlDataAdapter(SQL语句，连接字符串)
```

2）DataAdapter对象的属性。

①DeleteCommand = "…"：获取或设置用来从数据源删除数据行的SQL命令。

② InsertCommand = "…"：获取或设置将数据行插入数据源的SQL命令。

③ SelectCommand = "…"：获取或设置用来从数据源选取数据行的SQL命令。

④ UpdateCommand = "…"：获取或设置用来更新数据源数据行的SQL命令。

其他属性：ContinueUpdateOnError、AcceptChangesDuringFill、MissingMappingAction、MissingSchemaAction、TableMappings。

3）DataAdapter的方法。

① Fill（dataSet对象名，[内存表的别名]）：将SelectCommand属性指定的SQL命令执行结果置入DataSet对象，其返回值为置DataSet对象的数据行数。

② Update（dataSet对象名，[内存表的别名]）：调用InsertCommand、UpdateCommand或DeleteCommand属性指定的SQL命令，将DataSet对象更新到数据源。

（5）DataSet对象

DataSet对象是ADO.NET体系结构的中心，位于.NET Framework的System.Data.DataSet中，实际上是从数据库中检索记录的缓存，可以将DataSet当作一个小型内存数据库。这些DataSet对象包括DataTable、DataColumn、DataRow、Constraint和Reliation。DataSet允许使用无连接的应用程序。

DataSet对象必须配合DataAdapter对象使用，DataAdapter对象结构在Command对象之上，用来执行SQL命令，然后将结果置入DataSet对象。此外，DataAdapter对象也可将DataSet对象更改过的数据写回数据源。

每个用户都拥有专属的DataSet对象，所有操作数据库的动作都在DataSet对象中进行，与数据源无关。使用DataSet对象处理数据库的概念很简单，其过程如图4-17所示。

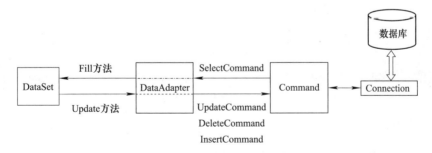

图4-17　DataSet对象处理数据的过程

创建DataSet对象的方式很简单，无论哪种数据源创建方式都一样，语法如下：

```
DataSet  ds= new DataSet（）;
da.Fill（ds,内存表的别名）;      //da为DataAdapter对象名
```

成功创建DataSet对象之后，就可以访问其所提供的属性及方法。

1）DataSet对象的属性。

① DataSetName = "…"：获取当前DataSet的名称。

② Tables：获取DataTable集合。

2）DataSet对象的方法。

① Clear()：清除DataSet对象的数据。

② Clone()：复制DataSet对象的结构。

③ Copy()：复制DataSet对象的结构及数据，返回值为与此DataSet对象具有相同结构及数据的DataSet对象。

工程案例

【例4-1】使用WPF开发小区物业监控系统，演示数据的显示，运行结果如图4-18所示。

图4-18 数据显示界面

操作步骤如下：

1）新建一个"Demo_4_1"WPF应用程序项目。

2）在 "MainWindow.xaml"文件中添加如下代码，完成界面制作，详细代码参考源文件。

```
<Window x:Class="Demo_4_1.MainWindow"
        xmlns="http://schemas.microsoft.com/winfx/2006/xaml/presentation"
        xmlns:x="http://schemas.microsoft.com/winfx/2006/xaml"
```

```
            Title=" 在使用WPF开发的小区物业监控系统中，演示数据的显示。"  Height=" 581.992"
Width=" 1089.56" >
        <Grid>
            ……
        </Grid>
    </Window>
```

3）在app.config文件中添加连接字符串常量的代码，具体如下：

```
<appSettings>
    <!--数据库连接字符串-->
    <add key=" ConnString"  value=" Data Source=.; Initial Catalog=MonitorDB; User ID=sa;
Password=sasa; Pooling=true"  />
    </appSettings>
```

4）添加类文件DataBaseHelper.cs，在其中编写连接数据库和执行SQL增、删、改语句的代码，并编写执行SQL查询语句的函数。

```
namespace DB
{
public class DataBaseHelper
    {
        //获取Connection
        public static SqlConnection getSqlConnection()
        {
            SqlConnection conn = new SqlConnection();
            try
            {
                conn.ConnectionString = System.Configuration.ConfigurationSettings.
AppSettings[ "ConnString" ];
                conn.Open();
                conn.Close();
            }
            catch
            {
                throw new Exception( "无法连接数据库服务器。" );
            }
            return conn;
        }
        // 根据sqlstr执行增、删、改操作
        public static int GetNonQueryEffectedRow(string sqlstr)
        {
            SqlConnection conn = getSqlConnection();
            try
            {
```

```
                conn.Open();
                SqlCommand cmd = new SqlCommand(sqlstr, conn);
                return cmd.ExecuteNonQuery();
            }
            catch (Exception ex)
            {
                throw new Exception(ex.ToString());
            }
            finally
            {
                conn.Close();
                conn.Dispose();
            }
        }

        // 根据sqlstr获取DataSet
        public static DataSet GetDataSet(string sqlstr)
        {
            SqlConnection conn = getSqlConnection();
            try
            {
                conn.Open();
                SqlDataAdapter sda = new SqlDataAdapter(sqlstr, conn);
                DataSet ds = new DataSet();
                sda.Fill(ds);
                return ds;
            }
            catch (Exception ex)
            {
                throw new Exception(ex.ToString());
            }
            finally
            {
                conn.Close();
                conn.Dispose();
            }
        }
    }
}
```

5）在"MainWindow. xaml. cs"中添加如下代码：

```
namespace Demo_4_1
```

```
    {
        public partial class MainWindow : Window
        {
            public MainWindow()
            {
                InitializeComponent();
            }
            #region Welcome
            private void grdWelcome_IsVisibleChanged_1(object sender, DependencyPropertyCha
ngedEventArgs e)
            {
                if (grdWelcome.Visibility==Visibility.Visible)
                {//显示
                    //dgrdLoginR.Items.Clear();
                    //加载数据
                    string sql = "SELECT * FROM Table_LoginRecord";
                    dgrdLoginR.ItemsSource= DB.DataBaseHelper.GetDataSet(sql).Tables[0].DefaultView;
                }
            }
        }
```

6）启动项目进行测试，就可以看到图4-18所示的界面。

【例4-2】在使用WPF开发的小区物业监控系统中，演示数据的查询，运行结果如图4-19和图4-20所示。

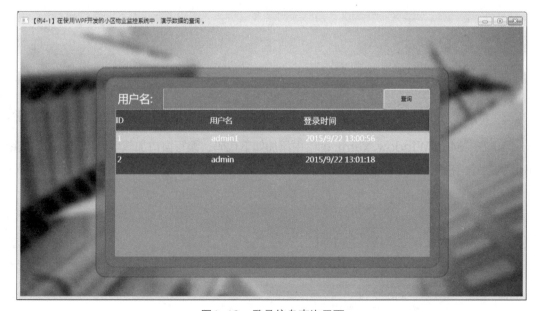

图4-19 登录信息查询界面

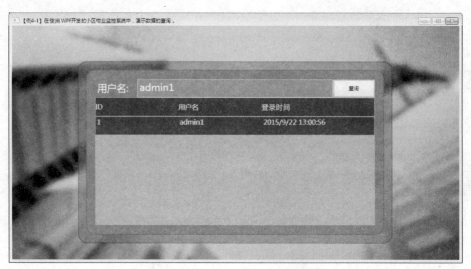

图4-20   登录信息查询运行效果

操作步骤如下:

1)新建一个"Demo_4_2"WPF应用程序项目。

2)在"MainWindow.xaml"中添加如下代码,完成界面制作,详细代码参考源文件。

```
<Window x:Class=" Demo_4_2.MainWindow"
      xmlns=" http://schemas.microsoft.com/winfx/2006/xaml/presentation"
      xmlns:x=" http://schemas.microsoft.com/winfx/2006/xaml"
          Title=" 【例4-1】在使用WPF开发的小区物业监控系统中,演示数据的查询 。"
Height=" 581.992"  Width=" 1089.56"   Loaded=" Window_Loaded" >
    <Grid>
        ……
  </Grid>
</Window>
```

3)app.config文件以及数据库操作类DataBaseHelper文件的代码编写与工程案例相同。

4)在"MainWindow.xaml.cs"中添加如下代码,编写窗口加载事件和"查询"按钮单击事件。

```
namespace Demo_4_2
{
    public partial class MainWindow : Window
    {
        public MainWindow()
        {
            InitializeComponent();
        }
```

```
DataTable dt ;
private void ShowDataToDataGrid(DataTable dataTables)
{
    dt.Rows.Clear();
    for (int i = 0; i < dataTables.Rows.Count; i++)
    {
        var RowItem = dataTables.Rows[i];
        DataRow dr = dt.NewRow();
        int n = 0;
        dr[n] = RowItem[n++];
        dr[n] = RowItem[n++];
        dr[n] = RowItem[n++];
        dt.Rows.Add(dr);
    }
}
private void Window_Loaded(object sender, RoutedEventArgs e)
{
    dt = new DataTable();
    dt.Columns.Add("ID");
    dt.Columns.Add("用户名");
    dt.Columns.Add("登录时间");
    dgrdLoginR.ItemsSource = dt.DefaultView;
    dgrdLoginR.Columns[0].Width = 200;
    dgrdLoginR.Columns[1].Width = 200;
    dgrdLoginR.Columns[2].Width = 200;
    string sql = String.Format("SELECT * FROM Table_LoginRecord");
    //dgrdLoginR.ItemsSource = DB.DataBaseHelper.GetDataSet(sql).Tables[0].DefaultView;
    ShowDataToDataGrid(DB.DataBaseHelper.GetDataSet(sql).Tables[0]);
}
private void Button_Click(object sender, RoutedEventArgs e)
{
    if (txtUserName.Text.Trim()=="")
    {
        return;
    }
    string sql = String.Format("SELECT * FROM Table_LoginRecord where UserName
='{0}'", txtUserName.Text);
    ShowDataToDataGrid(DB.DataBaseHelper.GetDataSet(sql).Tables[0]);
    }
  }
}
```

5）运行该项目，输入要查询的用户名，单击"查询"按钮将显示该用户的登录信息。

工程案例

【例4-3】在使用WPF开发的小区物业监控系统中，演示用户登录程序设计，运行结果如图4-21和图4-22所示。

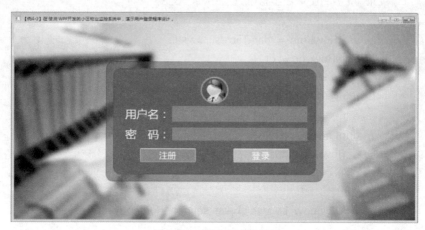

图4-21 用户登录界面

图4-22 用户登录运行效果

操作步骤如下：

1）新建一个"Demo_4_3"WPF应用程序项目。

2）在"MainWindow.xaml"中添加如下代码，完成界面制作，详细代码参考源文件。

```
<Window x:Class=" Demo_4_3.MainWindow"
    xmlns=" http://schemas.microsoft.com/winfx/2006/xaml/presentation"
    xmlns:x=" http://schemas.microsoft.com/winfx/2006/xaml"
    Title=" 【例4-2】在使用WPF开发的小区物业监控系统中，演示用户登录程序设计 。"
Height=" 581.992" Width=" 1089.56" Loaded=" Window_Loaded" >
    <Grid >
        ......
    </Grid>
```

```
        </Grid>
    </Window>
```

3）app. config文件以及数据库操作类DataBaseHelper文件的代码编写与工程案例相同。

4）在"MainWindow. xaml. cs"中添加如下代码，分别编写窗口加载事件和"登录"按钮的单击事件。

```
namespace Demo_4_3
{
    public partial class MainWindow : Window
    {
        public MainWindow()
        {
            InitializeComponent();
        }
        private void GridShow(Grid grd)
        {
            grdLogin.Visibility = Visibility.Hidden;
            grd.Visibility = Visibility.Visible;
        }
        #region Login
        private void btnLogin_Click_1(object sender, RoutedEventArgs e)
        {
            //*********************************开始
            string userName = txtLoginUserName.Text;
            string userPwd = pwdLoginUserPwd.Password;
            //用户名和密码是否正确
            bool IsRight = false;
            //数据库校验用户名和密码
            string sql = String.Format("SELECT * FROM Users WHERE UserName='{0}'
and UserName='{1}'", userName, userPwd);
            IsRight= DB.DataBaseHelper.GetDataSet(sql).Tables[0].Rows.Count>0;
            //结果处理
            if (!IsRight)
            {
                //错误提示
                MessageBox.Show("用户名或密码错误！", "错误", MessageBoxButton.OK,
MessageBoxImage.Error);
            }
            else
            {//登录成功
```

```
        //保存登录记录/新增
        sql = String.Format( "INSERT INTO Table_LoginRecord(UserName,LoginTime)
VALUES( '{0}' ,' {1}' )" , userName, DateTime.Now.ToString( "yyyy-MM-dd HH:mm:ss" ));

        DataBaseHelper.GetNonQueryEffectedRow(sql);
        //显示欢迎界面
        // GridShow(grdWelcome);
        MessageBox.Show( "欢迎"+userName);
        txtLoginUserName.Text =   "" ;
        pwdLoginUserPwd.Password =   "" ;
    }
    //******************************结束
}
#endregion
private void Window_Loaded_1(object sender, RoutedEventArgs e)
{
    GridShow(grdLogin);
}
}
}
```

5）运行该项目，输入正确的用户名和密码后，单击"登录"按钮，运行效果如图4-22所示。

【例4-4】在使用WPF开发的小区物业监控系统中，演示用户信息添加程序设计，运行结果如图4-23和图4-24所示。

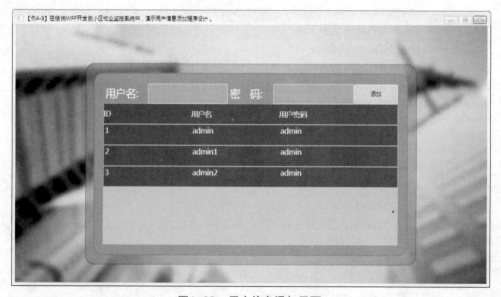

图4-23　用户信息添加界面

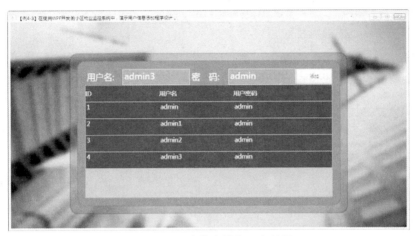

图4-24 用户信息添加运行效果

操作步骤如下：

1）新建一个"Demo_4_4"WPF应用程序项目。

2）在"MainWindow.xaml"中添加如下代码，完成界面制作，详细代码参考源文件。

```
<Window x:Class=" Demo_4_4.MainWindow"
        xmlns=" http://schemas.microsoft.com/winfx/2006/xaml/presentation"
        xmlns:x=" http://schemas.microsoft.com/winfx/2006/xaml"
        Title=" 【例4-3】在使用WPF开发的小区物业监控系统中，演示用户信息添加程序设计 。"
Height=" 581.992"  Width=" 1089.56"   Loaded=" Window_Loaded" >
    <Grid>
        ……
    </Grid>
</Window>
```

3）app.config文件以及数据库操作类DataBaseHelper文件的代码编写与工程案例相同。

4）在"MainWindow.xaml.cs"中添加如下代码，分别编写窗口加载事件和"添加"按钮的单击事件。

```
namespace Demo_4_4
{
    public partial class MainWindow : Window
    {
        public MainWindow()
        {
            InitializeComponent();
        }
        private void Button_Click(object sender, RoutedEventArgs e)
        {
            if (txtUserPwd.Text.Trim() ==  ""  || txtUserName.Text.Trim() ==  "")
            {
```

```
                MessageBox.Show("请将用户名和密码填写完整！");
                return;
            }
            string sql    = String.Format("INSERT INTO Users(UserName,UserPwd)
VALUES('{0}','{1}')", this.txtUserName.Text.Trim(), this.txtUserPwd.Text.Trim());
            DB.DataBaseHelper.GetNonQueryEffectedRow(sql);
            sql =  "SELECT * FROM Users";
            ShowDataToDataGrid(DB.DataBaseHelper.GetDataSet(sql).Tables[0]);
        }
        DataTable dt;
        private void ShowDataToDataGrid(DataTable dataTables)
        {
            dt.Rows.Clear();
            for (int i = 0; i < dataTables.Rows.Count; i++)
            {
                var RowItem = dataTables.Rows[i];
                DataRow dr = dt.NewRow();
                int n = 0;
                dr[n] = RowItem[n++];
                dr[n] = RowItem[n++];
                dr[n] = RowItem[n++];
                dt.Rows.Add(dr);
            }
        }
        private void Window_Loaded(object sender, RoutedEventArgs e)
        {
            dgrdUserR.AutoGenerateColumns = true;
            dt = new DataTable();
            dt.Columns.Add("ID");
            dt.Columns.Add("用户名");
            dt.Columns.Add("用户密码");
            dgrdUserR.ItemsSource = dt.DefaultView;

            dgrdUserR.Columns[0].Width = 200;
            dgrdUserR.Columns[1].Width = 200;
            dgrdUserR.Columns[2].Width = 200;
            string sql =  "SELECT * FROM Users";
            ShowDataToDataGrid(DB.DataBaseHelper.GetDataSet(sql).Tables[0]);
        }
    }
}
```

5）运行该项目，输入要添加的用户名和密码后，单击"添加"按钮即可。

【例4-5】在使用WPF开发的小区物业监控系统中，演示用户注册程序设计，运行结果如

图4-25和图4-26所示。

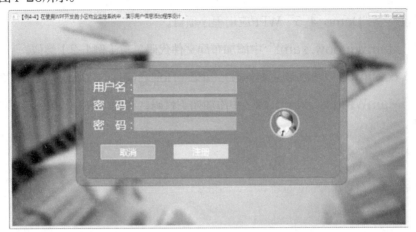

图4-25　用户注册界面

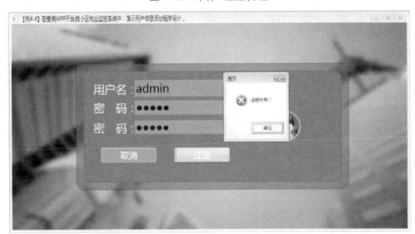

a）

b）

图4-26　用户注册运行效果

a）注册不成功　b）注册成功

操作步骤如下:

1)新建一个"Demo_4_5"WPF应用程序项目。

2)在"MainWindow.xaml"中添加布局文件代码,与【例4-2】类似。

3)app.config文件以及数据库操作类DataBaseHelper文件的代码编写与工程案例相同。

4)在"MainWindow.xaml.cs"中添加如下代码,实现"取消"按钮与"注册"按钮的单击事件。

```csharp
namespace Demo_4_5
{
    public partial class MainWindow : Window
    {
        public MainWindow()
        {
            InitializeComponent();
        }
        #region Registered
        private void btnRegisteredCancel_Click_1(object sender, RoutedEventArgs e)
        {
            txtRegisteredUserName.Text = "";
            pwdRegisteredUserPwd1.Password = "";
            pwdRegisteredUserPwd2.Password = "";
        }
        private void btnRegistered_Click_1(object sender, RoutedEventArgs e)
        {
            //信息完整检测
            if (txtRegisteredUserName.Text == "" ||
                pwdRegisteredUserPwd1.Password.ToString() == "" ||
                pwdRegisteredUserPwd2.Password.ToString() == "")
            {
                MessageBox.Show("请填写完整!", "提示", MessageBoxButton.OK, MessageBoxImage.Information);
                return;
            }
            //两次密码一致性检测
            if (pwdRegisteredUserPwd1.Password.ToString() !=
                pwdRegisteredUserPwd2.Password.ToString())
            {
                MessageBox.Show("两次密码不一致,请重新输入!", "提示", MessageBoxButton.OK, MessageBoxImage.Information);
                return;
            }
            //进行注册操作
```

```
//***************************开始
    string userName = txtRegisteredUserName.Text;
    string userPwd = pwdRegisteredUserPwd1.Password;
    //检测用户名是否注册过
    string sql = String.Format("SELECT * FROM Users WHERE UserName='{0}'", userName, userPwd);
        bool IsNoRight= DB.DataBaseHelper.GetDataSet(sql).Tables[0].Rows.Count>0;
        if (!IsNoRight)
        {
            sql = String.Format("INSERT INTO Users(UserName,UserPwd) VALUES('{0}','{1}')", userName, userPwd);
            DB.DataBaseHelper.GetNonQueryEffectedRow(sql);
            MessageBox.Show(userName + "注册成功!","提示", MessageBoxButton.OK, MessageBoxImage.Information);
            //清空界面上文本框中的输入内容
            txtRegisteredUserName.Text = "";
                pwdRegisteredUserPwd1.Password = "";
                pwdRegisteredUserPwd2.Password = "";
                return;
        }
    //***************************结束
    MessageBox.Show("注册失败!","提示", MessageBoxButton.OK, MessageBoxImage.Error);
    }
    #endregion
    }
}
```

5）运行该项目，输入用户名和密码信息后，单击"注册"按钮，运行效果如图4-26所示。

【例4-6】在使用WPF开发的小区物业监控系统中，演示用户信息的编辑程序设计，运行结果如图4-27和图4-28所示。

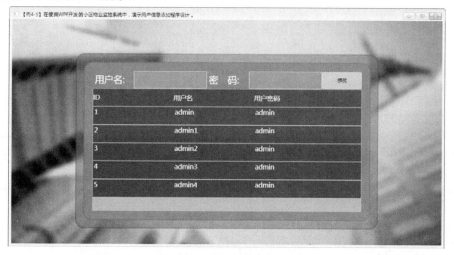

图4-27 用户信息编辑界面

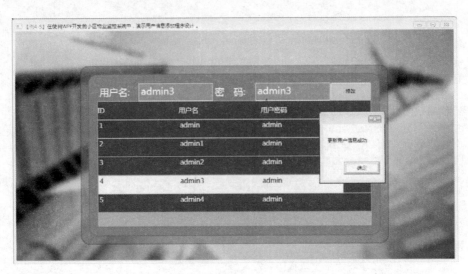

图4-28　用户信息编辑运行效果

操作步骤如下：

1）新建一个"Demo_4_6"WPF应用程序项目。

2）在"MainWindow.xaml"中添加布局文件代码，与【例4-3】类似。

3）app.config文件以及数据库操作类DataBaseHelper文件的代码编写与工程案例相同。

4）在"MainWindow.xaml.cs"中添加如下代码，分别编写窗体加载事件、表格选中事件和"修改"按钮的单击事件。

```
namespace Demo_4_6
{
    private void Button_Click(object sender, RoutedEventArgs e)
    {

        if (ID <0)
        {
            MessageBox.Show("请选择用户信息");
            return;
        }
        string sql = string.Empty;
        //更新
        sql = String.Format("UPDATE Users SET UserName='{0}',UserPwd='{1}'
WHERE UserId='{2}'",
            this.txtUserName.Text.Trim(), this.txtUserPwd.Text.Trim(), ID);
        DataBaseHelper.GetNonQueryEffectedRow(sql);
        MessageBox.Show("更新用户信息成功");
```

```
        ShowDataToDataGrid(DataBaseHelper.GetDataSet( "SELECT * FROM Users" ).Tables[0]);
}
int ID = -1;
DataTable dt;
private void ShowDataToDataGrid(DataTable dataTables)
{
    dt.Rows.Clear();
    for (int i = 0; i < dataTables.Rows.Count; i++)
    {
        var RowItem = dataTables.Rows[i];
        DataRow dr = dt.NewRow();
        int n = 0;
        dr[n] = RowItem[n++];
        dr[n] = RowItem[n++];
        dr[n] = RowItem[n++];
        dt.Rows.Add(dr);
    }
}
private void Window_Loaded(object sender, RoutedEventArgs e)
{
    dgrdUserR.AutoGenerateColumns = true;
    dt = new DataTable();
    dt.Columns.Add( "ID" );
    dt.Columns.Add( "用户名");
    dt.Columns.Add( "用户密码");
    dgrdUserR.ItemsSource = dt.DefaultView;
    dgrdUserR.Columns[0].Width = 200;
    dgrdUserR.Columns[1].Width = 200;
    dgrdUserR.Columns[2].Width = 200;
    string sql = "SELECT * FROM Users" ;
    ShowDataToDataGrid( DB.DataBaseHelper.GetDataSet(sql).Tables[0]);
}
private void dgrdUserR_SelectionChanged(object sender, SelectionChangedEventArgs e)
{
    if (dgrdUserR.SelectedItem != null)
    {
        var item = (dgrdUserR.SelectedItem as DataRowView).Row.ItemArray;
        ID = Convert.ToInt32(item[0].ToString());
        txtUserName.Text = item[1].ToString();
        txtUserPwd.Text = item[2].ToString();
    }
```

```
    }
```

5）运行该项目，选中表格中的一条用户信息后，对用户名或密码信息进行修改，然后单击"修改"按钮，运行效果如图4-28所示。

【例4-7】在使用WPF开发的小区物业监控系统中，演示用户信息的删除程序设计，运行结果如图4-29和图4-30所示。

图4-29 用户信息删除界面

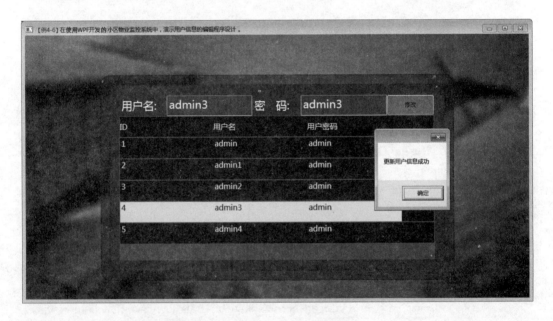

图4-30 用户信息删除运行效果

操作步骤如下：

1）新建一个"Demo_4_7"WPF应用程序项目。

2）在"MainWindow. xaml"中添加布局文件代码，与【例4-5】类似。

3）app. config文件以及数据库操作类DataBaseHelper文件的代码编写与工程案例相同。

4）在"MainWindow. xaml. cs"中分别编写窗体加载事件、表格选中事件和"删除"按钮的单击事件（窗体加载事件和表格选中事件程序同【例4-5】）。"删除"按钮的单击事件代码如下：

```
// "删除"按钮单击事件
private void Button_Click(object sender, RoutedEventArgs e)
        {
            if (ID<0)
            {
                MessageBox.Show("请选择用户信息");
                return;
            }
            DataBaseHelper.GetNonQueryEffectedRow(String.Format("DELETE FROM Users
WHERE UserId='{0}'", ID));
            MessageBox.Show("删除用户信息成功");
            ShowDataToDataGrid(DataBaseHelper.GetDataSet("SELECT * FROM Users").Tables[0]);
            ID = -1;
        }
```

5）运行该项目，选中表格中的一条用户信息，单击"删除"按钮后，运行效果如图4-30所示。

4.3 数据源与数据绑定

数据库应用程序由数据源和数据绑定控件两部分构成：

1）数据源指通过使用可视化图形界面方式，应用ADO. NET访问、实体数据模型或LINQ等技术来获取后台数据库中的数据信息。

2）数据绑定控件则用于设计数据库应用程序界面，通过属性配置实现数据源中数据的增、删、改、查操作。WPF中典型的数据绑定控件有DataGrid、ListBox、Combox等。数据绑定控件的绑定语句格式如下：

数据绑定控件. ItemsSource =数据源.数据表或数据视图

【例4-8】在使用WPF开发的小区物业监控系统中，演示使用数据源连接数据库，运行结果如图4-31所示。

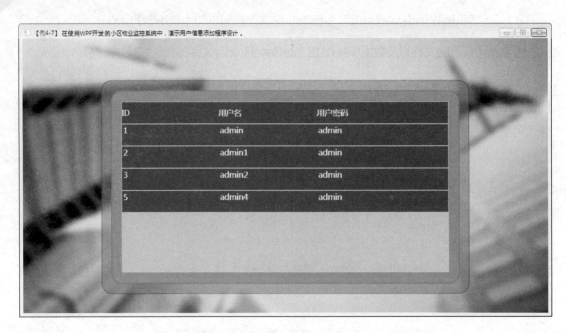

图4-31 使用数据源连接数据库并显示用户信息

操作步骤如下：

1）新建一个"Demo_4_8"WPF应用程序项目。

2）在"MainWindow.xaml"中添加布局文件代码，与【例4-3】类似。

3）在窗体加载事件中，通过ADO.NET方式获取MonitorDB数据库中的Users数据表信息，将其作为数据源逐一提取数据并显示在DataGrid控件上，代码如下：

```
DataSet ds;
    OleDbCommandBuilder cmdb;
    OleDbDataAdapter da;
    DataTable dt;
//将查询数据逐条提取并加入到内存临时表中
    private void ShowDataToDataGrid(DataTable dataTables)
    {
        dt.Rows.Clear();
        for (int i = 0; i < dataTables.Rows.Count; i++)
        {
            var RowItem = dataTables.Rows[i];
            DataRow dr = dt.NewRow();
            int n = 0;
            dr[n] = RowItem[n++];
            dr[n] = RowItem[n++];
```

```
                dr[n] = RowItem[n++];
                dt.Rows.Add(dr);
            }
    }
//窗体加载事件
    private void Window_Loaded(object sender, RoutedEventArgs e)
    {
            dgrdUserR.AutoGenerateColumns = true;
            dt = new DataTable();
            dt.Columns.Add("ID");
            dt.Columns.Add("用户名");
            dt.Columns.Add("用户密码");
            dgrdUserR.ItemsSource = dt.DefaultView;
            dgrdUserR.Columns[0].Width = 200;
            dgrdUserR.Columns[1].Width = 200;
            dgrdUserR.Columns[2].Width = 200;
            //连接字符串
            string Connstr = System.Configuration.ConfigurationSettings.AppSettings["ConnString"];
            //连接对象
            OleDbConnection con = new OleDbConnection(Connstr);
            //SQL语句
            string selectCmd = "select * from Users";
            con.Open();
            da = new OleDbDataAdapter(selectCmd, con);
            ds = new DataSet();
            da.Fill(ds);
            ds.Tables[0].PrimaryKey = new DataColumn[] { ds.Tables[0].Columns[0] };
            cmdb = new OleDbCommandBuilder(da);
            da.InsertCommand = cmdb.GetInsertCommand();
            da.UpdateCommand = cmdb.GetUpdateCommand();
            da.DeleteCommand = cmdb.GetDeleteCommand();
            ShowDataToDataGrid(ds.Tables[0]);
            con.Close();
    }
```

4）运行该项目，运行效果如图4-31所示。

【例4-9】在使用WPF开发的小区物业监控系统中，演示使用数据绑定控件显示用户信息，运行结果如图4-32所示。

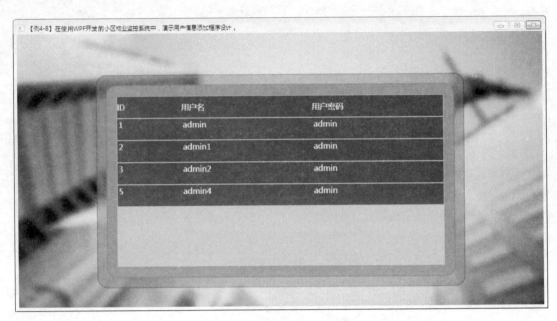

图4-32 使用数据绑定控件以显示用户信息

操作步骤如下：

1）新建一个"Demo_4_9"WPF应用程序项目。

2）在"MainWindow.xaml"中添加布局文件代码，与【例4-7】类似。

3）在窗体加载事件中通过ADO.NET方式获取MonitorDB数据库中的Users数据表信息，将其作为数据源直接绑定在DataGrid控件上，代码如下：

```
DataSet ds;
    OleDbCommandBuilder cmdb;
    OleDbDataAdapter da;
    private void Window_Loaded(object sender, RoutedEventArgs e)
    {
        //连接字符串
        string Connstr = System.Configuration.ConfigurationSettings.AppSettings[ "ConnString" ];
        //连接对象
        OleDbConnection con = new OleDbConnection(Connstr);
        //SQL语句
        string selectCmd =  "select * from Users" ;
        con.Open();
        da = new OleDbDataAdapter(selectCmd, con);
        ds = new DataSet();
        da.Fill(ds);
        ds.Tables[0].PrimaryKey = new DataColumn[] { ds.Tables[0].Columns[0] };
```

```
cmdb = new OleDbCommandBuilder(da);
da.InsertCommand = cmdb.GetInsertCommand();
da.UpdateCommand = cmdb.GetUpdateCommand();
da.DeleteCommand = cmdb.GetDeleteCommand();
dgrdUserR.ItemsSource = ds.Tables[0].DefaultView;
con.Close();
}
```

4）运行该项目，运行效果如图4-32所示。

4.4 使用实体数据模型进行数据库操作

通过实体数据模型，在使用数据库时不必编写大量代码。通过使用关系图设计器，可以将表等数据库对象拖放到实体模型中，放在关系图中的对象将成为可用的对象。

【例4-10】在使用WPF开发的小区物业监控系统中，演示使用实体数据模型查询用户信息息，运行结果如图4-33所示。

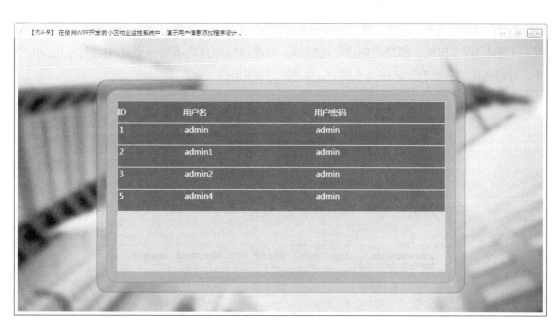

图4-33 使用实体数据模型查询用户信息

操作步骤如下：

1）新建一个"Demo_4_10"WPF应用程序项目。

2）在"MainWindow.xaml"中添加布局文件代码，与【例4-7】类似。

3）在项目中添加新项，选择"ADO.NET 实体数据模型"模板，如图4-34所示。

图4-34　添加ADO.NET 实体数据模型

4）启动"实体数据模型向导"，依次进入"选择模型内容"（见图4-35）"选择您的
数据连接"（图4-36，这里选择连接案例数据库MonitorDB）和"选择您的数据库对象和设
置"（图4-37）界面，单击"完成"按钮后，将在项目中自动添加一个Model1.edmx的文
件，并将选择的数据表显示在关系图中，如图4-38所示。

图4-35　"选择模型内容"界面

图4-36 "选择您的数据连接"界面

图4-37 "选择您的数据库对象和设置"界面

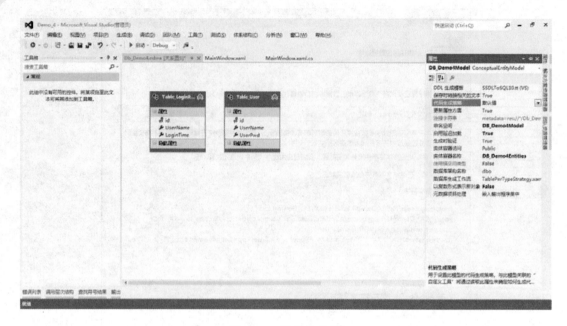

图4-38　数据关系图

5）编写窗体加载事件，代码如下：

```
//窗体加载事件
private void Window_Loaded(object sender, RoutedEventArgs e)
{
        using (MonitorDBEntities db = new MonitorDBEntities())
        {
            var obj = (from x in db.Users select x);
            if (obj != null)
            {
                dgrdUserR.ItemsSource = obj;
            }
        }
}
```

6）运行该项目，运行效果如图4-33所示。

4.5　LINQ

LINQ（Language Integrated Query，语言集成查询）是一系列的编程接口，借助于LINQ技术，可以使用一种统一的方式查询各种不同类型的数据。LINQ是微软公司在Visual Studio 2008和.NET Framework 3.5版本中一项突破性的创新，它在对象领域和数据领域之间架起了一座桥梁。LINQ通过使用特定的语法，可以对数据库、对象以及XML等多种类型的数据进行查询操作。LINQ既可在新项目中使用，也可在现有项目中与非LINQ查询一起使用，唯一的要求是项目应面向.NET Framework 3.5版本。

LINQ采用一种开放性的设计架构，这种开放性不仅表现在其可以被多种.NET语言所支持，还表现在通过为不同类型的数据源开发相应的LINQ Provider，LINQ可以在各种类型的数据源之间提供一个统一的访问接口。LINQ基本架构如图4-39所示。

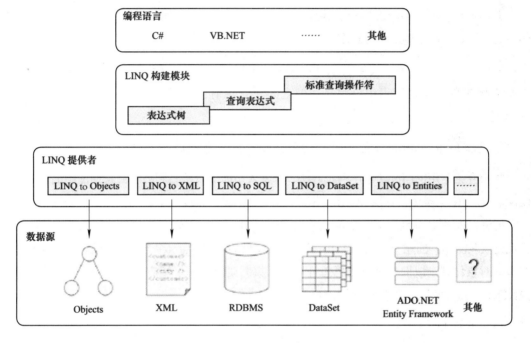

图4-39　LINQ基本架构

1. LINQ to Objects

LINQ to Objects是用来访问对象集合的编程接口，对象集合里面的元素之间可以具有层次结构。在.NET中支持列举操作的各种对象类型，基本上都可以使用LINQ to Objects来进行操作。例如，可以使用LINQ to Objects对一个整数类型数组中的所有元素进行排序，也可以在一个自定义类型的集合中找出符合某些条件的元素子集合。

```
//将一个整数类型数组numbers中的所有元素按照从小到大的顺序排列，并放入集合items中
//使用集合初始化器初始化整数类型数组numbers
int[] numbers = { 10, 6, 8, 4, 9, 2, 1, 5, 0 };
var items = from s in numbers
orderby s
select s;
//输出结果
```

```
foreach (var item in items)
Console.WriteLine (item);
```

2. LINQ to ADO.NET

LINQ to ADO.NET是用来访问关系模型数据的编程接口，其可以进一步分为LINQ to SQL、LINQ to Entities和LINQ to DataSet这3个子类别，每个子类别针对特定的关系模型数据。其中：

1）LINQ to SQL在.NET自定义类型（class）和数据库物理表之间建立映射，通过操作自定义类型实现对数据表的操作。

2）LINQ to Entities与LINQ to SQL有相似之处，但是LINQ to Entities并不是直接在数据库物理表和自定义类型之间建立映射，而是采用了一个概念上的实体数据模型。

3）LINQ to DataSet是使用LINQ来访问DataSet的接口。

本节介绍常用的LINQ to SQL方法。开发人员能够直接将服务资源管理器中的表拖动到LINQ to SQL 类中，在LINQ to SQL 类文件中就会呈现一个表的视图。在视图中，开发人员能够在视图中添加属性和关联，并且能够在LINQ to SQL 类文件中设置多个表，进行可视化关联操作。创建一个LINQ to SQL 类文件后，LINQ to SQL 类就将数据对象化，这里的对象化就是以面向对象的思想针对一个数据集建立一个相应的类，开发人员能够使用LINQ to SQL 创建的类进行数据库查询和整合操作。

分析下列代码：

```
MyDataDataContext data = new MyDataDataContext();    //使用LINQ 类
var s = from n in data.users where n.ID==1 select n;    //执行查询
foreach (var t in s) //遍历对象
{
Console.WriteLine (t.UseName.ToString()); //输出对象
}
```

以上代码使用了LINQ 查询语句查询了用户信息表Users中ID 为1 的行。首先，创建一个MyData.dbml 的LINQ to SQL 文件，其中MyDataDataContext 为类的名称，该类提供LINQ to SQL 操作方法。然后，使用LINQ to SQL 文件提供的类创建了一个数据容器对象data，data 对象包含数据中表的集合，通过"."操作符可以选择相应的表，使用LINQ语法格式执行查询，最后对查询的对象进行遍历输出。

【例4-11】在使用WPF开发的小区物业监控系统中，演示使用LINQ查询用户信息，运行结果如图4-40所示。

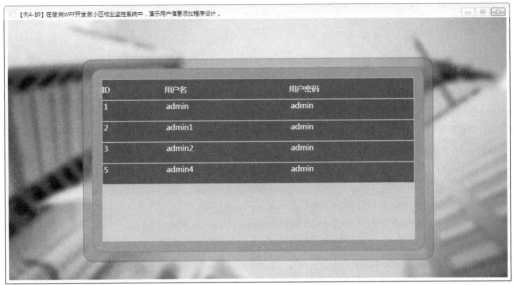

图4-40　使用LINQ查询用户信息

操作步骤如下：

1）新建一个"Demo_4_11"WPF应用程序项目。

2）在"MainWindow.xaml"中添加布局文件代码，与【例4-7】类似。

3）编写窗体加载事件，代码如下：

```
namespace Demo_4_11
{
    public partial class Main Window : Window
    {
        public Main Window()
        {
            InitializeComponent();
        }
Data Table dataTable;
string connstring { get { return System.Configuration.ConfigurationSettings.AppSettings["ConnString"];}}
        private void Window_Loaded(object sender.RoutedEventArgse)
        {
            //实例化框架
            System.Data.Linq.DataContext dc = new System.Data.Linq.DataContext(connstring);
            //根据类型获取表
            var userInfo = dc.GetTable<UserInfo>();
            //查询语句
            var query_2 = from s in userInfo
                    select s;
```

```
                dgrdUserR.ItemsSource = query_2;
            }
        }
        // 映射Table
        [Table(Name = "Users")]
        public class UserInfo
        {
            // 映射字段
            [Column(IsPrimaryKey = true,DbType = "Int NOT NULL IDENTITY",IsDbGenerated = ture,Name = "UserId")]
            public int UserId { get ; set ; }
            [Column(DbType="varchar(50)",Name = "UserName")]
             pulic string UserName { get ; set ; }
            [Column(DbType="varchar(50)",Name = "UserPwd")]
            public string UserPwd { get ; set; }
        }
    }
```

4）运行该项目，运行效果如图4-40所示。

4.6　小结

本章主要介绍了WPF中的数据库操作。首先分析在整个小区物业监控系统中数据库操作有什么样的应用？在哪些地方会出现这些应用？接下来，分别对数据库基础知识和数据库应用系统的组成；数据库操作；实体数据库模型等内容进行了基础实例演示。

学习这一章应把重点放在ADO.NET数据库操作技术上，并通过案例的指导，最终实现小区物业监控系统数据库应用程序的开发。

4.7　习题

1. 简答题

1）简述ADO.NET对象访问数据库的步骤。

2）简述DataSet对象的结构。

3）使用LINQ必须引入哪些命名空间？

2. 操作题

1）使用ADO.NET技术创建一个WPF应用程序，实现温度信息的查询与维护。

2）使用实体数据模型对数据库进行操作，显示湿度采集数据。

3）使用LINQ技术创建一个WPF应用程序，实现光照信息的查询。

第 5 章

I/O操作

通过前面章节的学习，读者已经熟悉了整个"小区物业监控系统"中模块的界面和数据的显现方法。例如，实现用户注册、登录功能，实现监控数据的存储与查询，监控信息的记录与读取。但这些数据都是从哪儿来的呢？它们都是从物联网设备中读取出来的。要完成这个功能就必须了解相关设备的I/O操作。

本章主要是帮助读者熟悉与系统相关的I/O操作技术。为了使读者产生兴趣，这里选取的典型案例为"门口监控"模块中摄像头图像的数据的存储与显示。其他模块的数据的输入/输出操作都会具体给出相应的操作实例。本章具体相关模块如图5-1阴影所示。

要完成这个实例，必须先熟悉I/O操作技术开发功能，具体包括：WPF中串口的使用的通用方法、BinaryReader的用法、WPF中摄像头取到图片如何放到数据库、MemoryStream的用法、WPF中如何将数据库中读取的二进制数据转换成图像显示，并且对每部分内容都进行了实例演示。同时给出了"门口监控"模块中摄像头图像的数据的存储与显示的具体实现过程。

学习本章应把注意力放在串口操作上，因为整个系统中的大多数控制都是通过串口进行的。通过学习摄像头图像的获取、保存、显示等内容，理解在整个系统中如何集成开发。

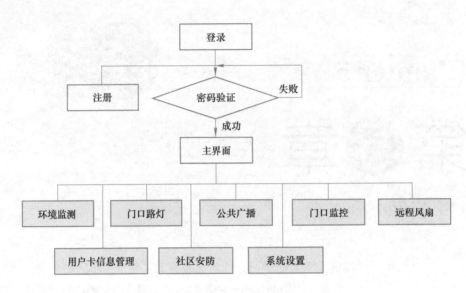

图5-1　第5章相关模块示意

➡ 本章重点

- 熟悉串口的基本知识。
- 学会在WPF中使用串口。
- 掌握BinaryReader的用法。
- 掌握在WPF中将摄像头拍摄到的图片放到数据库中的方法。
- 学会MemoryStream的用法。
- 掌握在WPF中应用数据库读取二进制数据并转换成图片。

➡ 典型案例

 ◀

在使用WPF开发的小区物业监控系统中，实现通过摄像头拍摄到图片并存储到数据库中；从数据库读取二进制数据并转换成图片显示出来。

案例结果 ◀

在使用WPF开发的小区物业监控系统中，实现摄像头图像的存储与显示，运行结果如图5-2和图5-3所示。

图5-2　通过摄像头拍摄到图片并存储到数据库

图5-3　数据库读取显示

案例准备

　　在这个简单的综合案例中，会涉及WPF中有关I/O操作等基础知识。下面就先来学习这些知识点，然后开始本案例的编程实现。

5.1　串口的操作

1. 串口

　　串行接口（Serial Interface）也称为串口，是指数据一位一位地顺序传送，其特点是通信线路简单，只要一对传输线就可以实现双向通信，从而大大降低了成本，特别适用于远距离通信，但传送速度较慢。一条信息的各位数据被逐位地按顺序传送的通信方式称为串行通信。串行接口如图5-4所示。

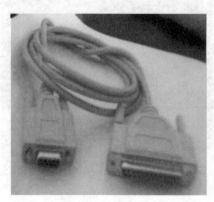

图5-4　串行接口

串口的出现是在1980年前后，数据传输速率是115~230kbit/s。串口出现的初期是为了实现连接计算机的外设，初期串口一般用来连接鼠标、外置Modem以及老式摄像头和写字板等设备。目前串口多用于工控和测量设备以及部分通信设备中。

串行通信的特点是：数据位的传送，按位顺序进行，最少只需一根传输线即可完成；成本低但传送速度慢。串行通信的距离可以从几米到几千米；根据信息的传送方向，串行通信可以进一步分为单工、半双工和全双工3种。

2. 串口接口标准

串口通信的两种最基本的方式：同步串行通信方式和异步串行通信方式。

SPI（Serial Peripheral interface，同步串行接口）顾名思义就是串行外围设备接口。SPI总线系统是一种同步串行外设接口，它可以使MCU与各种外围设备以串行方式进行通信，从而交换信息。

UART（Universal Asynchronous Receiver/Transmitter，通用异步接收/发送）是一个并行输入成为串行输出的芯片，通常集成在主板上。UART包含TTL电平的串口和RS-232电平的串口。TTL电平是3.3V的，而RS-232是负逻辑电平。

（1）RS-232

RS-232也称标准串口，是较常用的一种串行通信接口。它是在1970年由美国电子工业协会（EIA）联合贝尔系统、调制解调器厂家及计算机终端生产厂家共同制定的用于串行通信的标准。传统的RS-232-C接口标准有22根线，后来使用简化为9芯D型插座（DB9）。

RS-232采取不平衡传输方式，其传输距离最大约为15m，最大传输速率为20kB/s。RS-232是为点对点通信而设计的，适合本地设备之间的通信。

（2）RS-422

RS-422标准全称是"平衡电压数字接口电路的电气特性"，它定义了接口电路的特性。典型的RS-422是4线接口。实际上还有一根信号地线，共5根线。也采用9芯D型插座（DB9）接口。由于接收器采用高输入阻抗和发送驱动器比RS232更强的驱动能力，允许在相同传输线上连接多个接收节点。RS-422支持点对多的双向通信。

（3）RS-485

RS-485是从RS-422基础上发展而来的，所以RS-485许多电气规定与RS-422相仿。RS-485与RS-422的不同在于其共模输出电压是不同的。RS-485与RS-422一样，其最大传输距离约为1219m，最大传输速率为10MB/s。

3．串口与并口的区别

串口就像一条车道，而并口就像有8个车道，同一时刻能传送8位数据。由于8位通道之间的互相干扰，传输时速度就受到了限制，传输容易出错。串口没有互相干扰，并口能同时发送的数据量较大，但速度比串口慢。

4．串口应用

（1）交换机的串口

交换机的串口的英文就是trunk，是用来做下一跳路由转换用的。每个VLAN（Virtual Local Area Network）只有通过与TRUNK的路由指向后才能上外网。目前较为常用的串口有9针串口（DB9）和25针串口（DB25）。通信距离较近时（<12m），可以用电缆线直接连接标准RS-232端口（RS-422和RS-485较远），若距离较远，则需附加调制解调器（Modem）或其他相关设备。

（2）计算机主板串口

进行串行传输的接口，一次只能传输1bit。串行端口可以用于连接外置调制解调器、绘图仪或串行打印机。它也可以以控制台连接的方式连接网络设备，如路由器和交换机，主要用来配置它们。

5.2 SerialPort

现在大多数硬件设备均采用串口技术与计算机相连，因此串口的应用程序开发越来越普遍。例如，在计算机没有安装网卡的情况下，将本机上的一些信息数据传输到另一台计算机上，那么利用串口通信就可以实现。在.NET Framework中提供了SerialPort类，该类主要用于实现串口数据通信等。下面主要介绍SerialPort类的主要属性和方法。

1．SerialPort属性（见表5-1和表5-2）

表5-1　SerialPort公共属性

名称	说明
BaseStream	获取SerialPort对象的基础Stream对象
BaudRate	获取或设置串行波特率
BreakState	获取或设置中断信号状态
BytesToRead	获取接收缓冲区中数据的字节数
BytesToWrite	获取发送缓冲区中数据的字节数
CDHolding	获取端口的载波检测行的状态
Container	获取IContainer，它包含Component（从Component继承）
CtsHolding	获取"可以发送"行的状态
DataBits	获取或设置每个字节的标准数据位长度
DiscardNull	获取或设置一个值，该值指示null字节在端口和接收缓冲区之间传输时是否被忽略
DsrHolding	获取数据设置就绪（DSR）信号的状态
DtrEnable	获取或设置一个值，该值在串行通信过程中启用数据终端就绪（DTR）信号
Encoding	获取或设置传输前后文本转换的字节编码
Handshake	获取或设置串行端口数据传输的握手协议
IsOpen	获取一个值，该值指示SerialPort对象的打开或关闭状态
NewLine	获取或设置用于解释ReadLine和WriteLine方法调用结束的值
Parity	获取或设置奇偶校验检查协议
ParityReplace	获取或设置一个字节，该字节在发生奇偶校验错误时替换数据流中的无效字节
PortName	获取或设置通信端口，包括但不限于所有可用的COM端口
ReadBufferSize	获取或设置SerialPort输入缓冲区的大小
ReadTimeout	获取或设置读取操作未完成时，发生超时之前的毫秒数
ReceivedBytesThreshold	获取或设置DataReceived事件发生前，内部输入缓冲区中的字节数
RtsEnable	获取或设置一个值，该值指示在串行通信中是否启用请求发送（RTS）信号
Site	获取或设置Component的ISite（从Component继承）
StopBits	获取或设置每个字节的标准停止位数
WriteBufferSize	获取或设置串行端口输出缓冲区的大小
WriteTimeout	获取或设置写入操作未完成时，发生超时之前的毫秒数

表5-2　SerialPort保护属性

名称	说明
CanRaiseEvents	获取一个指示组件是否可以引发事件的值（从Component继承）
DesignMode	获取一个值，用以指示Component当前是否处于设计模式（从Component继承）
Events	获取附加到此Component的事件处理程序的列表（从Component继承）

2．SerialPort方法（见表5-3和表5-4）

表5-3　SerialPort公共方法

名称	说明
Close	关闭端口连接，将IsOpen属性设置为false，并释放内部Stream对象
CreateObjRef	创建一个对象，该对象包含生成用于与远程对象进行通信的代理所需的全部相关信息（从MarshalByRefObject继承）
DiscardInBuffer	丢弃来自串行驱动程序的接收缓冲区的数据
DiscardOutBuffer	丢弃来自串行驱动程序的传输缓冲区的数据
Dispose	已重载。释放SerialPort对象使用的非托管资源
Equals	已重载。确定两个Object实例是否相等（从Object继承）
GetHashCode	用作特定类型的哈希函数。GetHashCode适合在哈希算法和数据结构（如哈希表）中使用（从Object继承）
GetLifetimeService	检索控制此实例的生存期策略的当前生存期服务对象（从MarshalByRefObject继承）
GetPortNames	获取当前计算机的串行端口名称数组
GetType	获取当前实例的Type（从Object继承）
InitializeLifetimeService	获取控制此实例的生存期策略的生存期服务对象（从MarshalByRefObject继承）
Open	打开一个新的串行端口连接
Read	已重载。从SerialPort输入缓冲区中读取
ReadByte	从SerialPort输入缓冲区中同步读取一个字节
ReadChar	从SerialPort输入缓冲区中同步读取一个字符
ReadExisting	在编码的基础上，读取SerialPort对象的流和输入缓冲区中所有立即可用的字节
ReadLine	一直读取到输入缓冲区中的NewLine值
ReadTo	一直读取到输入缓冲区中的指定value的字符串
ReferenceEquals	确定指定的Object实例是否是相同的实例（从Object继承）
ToString	返回包含Component的名称的String（如果有），不应重写此方法（从Component继承）
Write	已重载。将数据写入串行端口输出缓冲区
WriteLine	将指定的字符串和NewLine值写入输出缓冲区

表5-4　SerialPort保护方法

名称	说明
Dispose	已重载。已重写。释放SerialPort对象使用的非托管资源
Finalize	在通过垃圾回收将Component回收之前，释放非托管资源并执行其他清理操作（从Component继承）
GetService	返回一个对象，该对象表示由Component或它的Container提供的服务（从Component继承）
MemberwiseClone	已重载（从MarshalByRefObject继承）

3．SerialPort公共事件（见表5-5）

表5-5　SerialPort公共事件

名称	说明
DataReceived	表示将处理SerialPort对象的数据接收事件的方法
Disposed	添加事件处理程序以侦听组件上的Disposed事件（从Component继承）
ErrorReceived	表示处理SerialPort对象的错误事件的方法
PinChanged	表示将处理SerialPort对象的串行引脚更改事件的方法

4．SerialPort应用

（1）数据发送

使用SerialPort进行数据发送时，代码如下：

```
serialPort1.PortName = "COM1";
serialPort1.BaudRate = 9600;
serialPort1.Open();
byte[] data = Encoding.Unicode.GetBytes(textBox1.Text);
string str = Convert.ToBase64String(data);
serialPort1.WriteLine(str);
MessageBox.Show("数据发送成功！","系统提示");
```

（2）数据接收

使用SerialPort进行数据接收时，代码如下：

```
byte[] data = Convert.FromBase64String(serialPort1.ReadLine());
textBox2.Text = Encoding.Unicode.GetString(data);
serialPort1.Close();
MessageBox.Show("数据接收成功！","系统提示");
```

．NET Framework类库包含了SerialPort类，方便地实现了所需串口通信的多种功能，可以实现MSComm编程方法快速转换到以SerialPort类为核心的串口通信。关于设计和方法，可以参考下面的工程案例。

【例5-1】在使用WPF开发的小区物业监控系统中，编写一个串口助手，实现串口的打开、写入、读取、关闭等功能，运行结果如图5-5所示。

图5-5　串口助手程序运行结果

操作步骤如下：

1）新建一个"Dome_5_1" WPF应用程序项目。

2）在"MainWindow.xaml"中添加如下代码，完成界面制作，详细代码参考源文件。

```
<Window x:Class="Demo_5_1.MainWindow"
        xmlns="http://schemas.microsoft.com/winfx/2006/xaml/presentation"
        xmlns:x="http://schemas.microsoft.com/winfx/2006/xaml"
        Title="Demo_5串口助手"  Height="269" Width="865">
    <Grid>
        ……
    </Grid>
</Window>
```

3）在"MainWindow.xaml.cs"中添加如下代码：

```
//引用串口类库
using System.IO.Ports;
namespace Demo_5
{
    public partial class MainWindow : Window
    {
public delegate void showReceiveDelegate(string text); //当采用"响应模式"时，应申明一个委托，实现不同线程的控件实验
        SerialPort com = new SerialPort();
        public MainWindow()
        {
            InitializeComponent();
```

```csharp
        this.Loaded += MainWindow_Loaded;
    }
    void MainWindow_Loaded(object sender, RoutedEventArgs e)
    {
        //获取本机所有串口的名字
        string[] strPortName = SerialPort.GetPortNames();
        //将本机所有串口名称赋值给cmbPort控件
        cmbPort.ItemsSource = strPortName;
        //下拉列表框初始化
        //如果本机串口数量不为0,则将cmbPort的Item第一个索引
        if (strPortName.Length > 0) cmbPort.SelectedIndex = 0;
        //将波特率下拉列表框cmbBaudRate的Item第一个索引
        cmbBaudRate.SelectedIndex = 0;
        //将数据位下拉列表框cmbDataBits的Item第一个索引
        cmbDataBits.SelectedIndex = 0;
        //将停止位下拉列表框cmbStopBits的Item第一个索引
        cmbStopBits.SelectedIndex = 0;
        //将奇偶校验下拉列表框cmbParity的Item第一个索引
        cmbParity.SelectedIndex = 0;
        //接收模式初始化（设置为响应模式）
        rbResponse.IsChecked = true;
    }
    //"打开串口"按钮单击事件
    private void btnOpen_Click_1(object sender, RoutedEventArgs e)
    {
        //如果按钮内容是"打开串口"，则进行打开串口操作,否则进行关闭串口操作
        if (btnOpen.Content.ToString() == "打开串口")
        {
            //尝试执行串口打开，出错则在界面进行提示
            try
            {
                //判断串口是否已经打开
                if (!com.IsOpen)
                {
                    //设置串口参数************************************开始
                    com.PortName = cmbPort.Text;//串口号
                    com.BaudRate = int.Parse(cmbBaudRate.Text);//波特率
                    com.DataBits = int.Parse(cmbDataBits.Text);//数据位
                    switch (cmbStopBits.SelectedIndex)//停止位
                    {
                        case 0:
```

```
                    com.StopBits = StopBits.One; break;
                case 1:
                    com.StopBits = StopBits.Two; break;
                case 2:
                    com.StopBits = StopBits.OnePointFive; break;
                case 3:
                    com.StopBits = StopBits.None; break;
            }
            switch (cmbParity.SelectedIndex)//奇偶校验
            {
                case 0: com.Parity = Parity.None; break;
                case 1: com.Parity = Parity.Odd; break;
                case 2: com.Parity = Parity.Even; break;
            }
            //设置串口参数*************************************结束
            com.Open();//打开串口
        }
        //设置按钮内容为"关闭串口"
        btnOpen.Content = "关闭串口";
        //界面显示信息"串口已打开!"
        txtStatus.Text = "串口已打开!";
        //启用"发送"按钮
        btnSend.IsEnabled = true;
        //如果界面选择"应答模式",则启用"接收"按钮
        if ((bool)rbAck.IsChecked)
            btnReceive.IsEnabled = true; //应答模式,"接收"按钮有效
    }
    catch
    { txtStatus.Text = "串口打开错误或串口不存在!"; }
}
else //关闭串口
    try
    {
        if (com.IsOpen)
            com.Close(); //关闭串口
        btnOpen.Content = "打开串口";
        txtStatus.Text = "串口已关闭!";
        btnSend.IsEnabled = false;
        if ((bool)rbAck.IsChecked)
            btnReceive.IsEnabled = false; //应答模式,"接收"按钮无效
    }
```

```
            catch
            { txtStatus.Text = "串口关闭错误或串口不存在！"; }
        }
    // "发送" 按钮单击事件
    private void btnSend_Click_1(object sender, RoutedEventArgs e)
    {
        try
        {
            //发送的数据
            byte[] data = null;
            //是否为十六进制发送
            if ((bool)chkSendHex.IsChecked)
                data = getBytesFromString(txtSend.Text);//将数据转为十六进制字符串
            else
                data = Encoding.Default.GetBytes(txtSend.Text);//将数据转为字符串
            //向串口写入数据
            com.Write(data, 0, data.Length);
        }
        catch (Exception err)
        { txtStatus.Text = err.ToString(); }
    }
    // "接收" 按钮单击事件
    private void btnReceive_Click_1(object sender, RoutedEventArgs e)
    {
        try
        {
            //应答模式
            //获取串口缓冲区字节数
            int count = com.BytesToRead;
            //实例化接收串口数据的数组
            byte[] readBuffer = new byte[count];
            //从串口缓冲区读取数据
            com.Read(readBuffer, 0, count);
            if ((bool)chkRecHex.IsChecked)
                txtReceive.Text = getStringFromBytes(readBuffer);   //转十六进制
            else
                txtReceive.Text = Encoding.Default.GetString(readBuffer);   //字母、数
字、汉字转换为字符串
        }
        catch (Exception err)
        { txtStatus.Text = err.ToString(); }
    }
```

```
    // 响应模式
    private void rbResponse_Checked_1(object sender, RoutedEventArgs e)
    {
        try
        {
            //设置"接收"按钮的启用属性
            btnReceive.IsEnabled = (bool)rbAck.IsChecked;
            if ((bool)rbResponse.IsChecked)
                    com.DataReceived += new SerialDataReceivedEventHandler(com_
DataReceived);   //加载接收事件
        }
        catch (Exception err)
        { txtStatus.Text = err.ToString(); }
    }
    // 应答模式
    private void rbAck_Checked_1(object sender, RoutedEventArgs e)
    {
        try
        {
            btnReceive.IsEnabled = (bool)rbAck.IsChecked;
            if ((bool)rbAck.IsChecked)
                    com.DataReceived -= new SerialDataReceivedEventHandler(com_
DataReceived);   //移除接收事件
        }
        catch (Exception err)
        { txtStatus.Text = err.ToString(); }
    }
    // 为"响应模式"时，串口接收数据事件
    private void com_DataReceived(object sender, System.IO.Ports.SerialDataReceivedEventArgs e)
    {
        try
        {
            bool RecHex = false;
            Dispatcher.Invoke(new Action(() =>
            {
                //获取界面控件复选框是否以十六进制显示
                RecHex = (bool)chkRecHex.IsChecked;
            }));
            //获取串口缓冲区字节数
            int count = com.BytesToRead;
            //实例化接收串口数据的数组
            byte[] readBuffer = new byte[count];
```

```
                //从串口缓冲区读取数据
                com.Read(readBuffer, 0, count);
                string strReceive = "";
                if (RecHex)
                    strReceive = getStringFromBytes(readBuffer);  //转换为十六进制
                else
                strReceive = Encoding.Default.GetString(readBuffer);   //字母、数字、汉字转换
为字符串
                Dispatcher.Invoke(new Action(() =>
                {
                    txtReceive.Text = strReceive;
                }));
            }
            catch (Exception err)
            {
                Dispatcher.Invoke(new Action(() =>
                {
                    txtStatus.Text = err.ToString();
                }));
            }
        }
    // 以十六进制数据发送转换时；显示转换对应数据
    private void chkSendHex_CheckedChanged(object sender, EventArgs e)
        {
            try
            {
                if ((bool)chkSendHex.IsChecked)
                    txtSend.Text = getStringFromBytes(Encoding.Default.GetBytes(txtSend.Text));
                else
                    txtSend.Text = Encoding.Default.GetString(getBytesFromString(txtSend.Text));
            }
            catch
            { txtStatus.Text = "数据转换出错，请输入正确的数据格式"; }
        }
    // 以十六进制数据显示接收数据时，显示对应数据
        private void chkRecHex_CheckedChanged(object sender, EventArgs e)
        {
            try
            {
                if ((bool)chkRecHex.IsChecked)
                    txtReceive.Text = getStringFromBytes(Encoding.Default.GetBytes(txtReceive.Text));
                else
```

```
            txtReceive.Text = Encoding.Default.GetString(getBytesFromString(txtReceive.Text));
        }
        catch
        { txtStatus.Text = "数据转换出错，请输入正确的数据格式"; }
    }
    // 把十六进制格式的字符串转换成字节数组
    public static byte[] getBytesFromString(string pString)
    {
        string[] str = pString.Split(' ');      //把十六进制格式的字符串按空格转换为字符串数组
        byte[] bytes = new byte[str.Length];      //定义字节数组并初始化，长度为字符串数组的长度
        for (int i = 0; i < str.Length; i++)      //遍历字符串数组，把每个字符串转换成字
节类型并赋值给每个字节变量
            bytes[i] = Convert.ToByte(Convert.ToInt32(str[i], 16));
        return bytes;      //返回字节数组
    }
    // 把字节数组转换为十六进制格式的字符串
    public static string getStringFromBytes(byte[] pByte)
    {
        string str = "";      //定义字符串类型临时变量
        //遍历字节数组，把每个字节转换成十六进制字符串，不足两位的则前面添"0"，以
空格分隔累加到字符串变量中
        for (int i = 0; i < pByte.Length; i++)
            str += (pByte[i].ToString("X").PadLeft(2, '0') + " ");
        str = str.TrimEnd(' ');      //删除字符串末尾的空格
        return str;      //返回字符串临时变量
    }
}
}
```

4）启动项目进行测试，就可以看到图5-5所示的界面。

5.3 CRC校验

CRC（Cyclic Redundancy Check，循环冗余校验码）是数据通信领域中较常用的一种差错校验码，其特征是信息字段和校验字段的长度可以任意选定。通过对数据进行多项式计算，并将得到的结果附在帧的后面，接收设备也执行类似的算法，以保证数据传输的正确性和完整性。

1. CRC基本原理

循环冗余校验码的基本原理是：在K位信息码后再拼接R位的校验码，整个编码长度为N位，因此，这种编码也叫（N，K）码。对于一个给定的（N，K）码，可以证明存在一个最高次幂为N-K=R的多项式G(x)。根据G(x)可以生成K位信息的校验码，而G(x)叫作这个

CRC码的生成多项式。

校验码的具体生成过程为：假设要发送的信息用多项式C(X)表示，将C(x)左移R位（可表示成C(x)×xR），这样C(x)的右边就会空出R位，这就是校验码的位置。用C(x)×xR除以生成多项式G(x)得到的余数就是校验码。

任意一个由二进制位串组成的代码都可以和一个系数仅为"0"和"1"取值的多项式一一对应。例如，代码1010111对应的多项式为x6+x4+x2+x+1，而多项式x5+x3+x2+x+1对应的代码为101111。

2. CRC算法

CRC校验码是基于将位串看作系数为0或1的多项式，一个k位的数据流可以看作关于x的从k-1阶到0阶的k-1次多项式的系数序列。采用此编码，发送方和接收方必须事先商定一个生成多项式G(x)，其高位和低位必须是1。要计算m位的帧M(x)的校验和，基本思想是：将校验和加在帧的末尾，使这个带校验和的帧的多项式能被G(x)除尽。当接收方收到加有校验和的帧时，用G(x)去除它，如果有余数，则CRC校验错误，只有没有余数的校验才是正确的。标准的CRC见表5-6。

表5-6　标准的CRC

名称	生成多项式	简记式*	应用举例
CRC-4	x4+x+1	3	ITU G.704
CRC-8	x8+x5+x4+1	31	DS18B20
CRC-12	x12+x11+x3+x+1	80F	
CRC-16	x16+x15+x2+1	8005	IBM SDLC
CRC-ITU**	x16+x12+x5+1	1021	ISO HDLC, ITU X.25, V.34/V.41/V.42, PPP-FCS, ZigBee
CRC-32	x32+x26+x23+…+x2+x+1	04C11DB7	ZIP, RAR, IEEE 802 LAN/FDDI, IEEE 1394, PPP-FCS
CRC-32c	x32+x28+x27+…+x8+x6+1	1EDC6F41	SCTP

3. CRC16校验码计算

例如，有一个十六进制的字符串7E 00 05 60 31 32 33要在末尾添加两个CRC16校验码校验这7个十六进制字符，请写出算法和答案。

7E 00 05 60 31 32 33计算CRC16结果应该是：5B3E。

方法如下：

CRC-16码由两个字节构成，在开始时CRC寄存器的每一位都预置为1，然后把CRC寄存器与8bit的数据进行异或，之后对CRC寄存器从高到低进行移位，在最高位（MSB）的位置补零，而最低位（LSB）如果为1，则把寄存器与预定义的多项式码进行异或，否则如果LSB为零，则无须进行异或。重复上述过程，由高至低地移位8次，第一个8bit数据处理完毕，此时，CRC寄存器的值与下一个8bit数据异或，并进行如前一个数据似的8次移位。所有的字符处理完成后，CRC寄存器内的值即为最终的CRC值。具体步骤如下：

1）设置CRC寄存器，并给其赋值FFFF（hex）。

2）将数据的第一个8bit字符与16位CRC寄存器的低8位进行异或，并把结果存入CRC寄存器。

3）CRC寄存器向右移一位，MSB补零，移出并检查LSB。

4）如果LSB为0，则重复第3）步；若LSB为1，则CRC寄存器与多项式码相异或。

5）重复第3）步与第4）步，直到8次移位全部完成。此时，一个8bit数据处理完毕。

6）重复第2）～5）步，直到所有数据全部处理完成。

7）最终CRC寄存器的内容即为CRC值。

CRC（16位）多项式为X16+X15+X2+1，其对应校验二进制位列为1 1000 0000 0000 0101。

【例5-2】在使用WPF开发的小区物业监控系统中，当编写综合数字量采集时，自行编写算法计算校验码。其运行结果如图5-6所示。

图5-6　综合数字量采集

1）新建一个"Demo_5_2"WPF应用程序项目。

2）在"MainWindow.xaml"中添加如下代码，完成界面制作，详细代码参考源文件。

```
<Window x:Class=" Demo_5_2综合数字量采集.MainWindow"
        xmlns=" http://schemas.microsoft.com/winfx/2006/xaml/presentation"
        xmlns:x=" http://schemas.microsoft.com/winfx/2006/xaml"
        Title=" Demo_5_2综合数字量采集" Height=" 350" Width=" 525" >
    <Grid>
        ……
    </Grid>
</Window>
```

3）在"MainWindow. xaml. cs"中添加如下代码：

```
namespace Demo_5_2综合数字量采集
{
    public partial class MainWindow : Window
    {
        ADAM4150 adam4150 = null;
        public MainWindow()
        {
            InitializeComponent();
            this.Loaded += Window_Loaded;
        }
        private void Window_Loaded(object sender, RoutedEventArgs e)
        {
            SetButton(false);
            GetPortList();
        }
        private void GetPortList()
        {
            //SerialPort.GetPortNames()获取当前计算机的串口名称数组
            //遍历串口名称数组，并将其添加到ComboBox控件中
            foreach (string item in SerialPort.GetPortNames())
            {
                cmbPortList.Items.Add(item);
            }
            //若ComboBox控件记录数大于0，即有选项，则将当前选择的第一个项索引设置为索引0
            //否则添加一个"未找到串口"的提示
            if (cmbPortList.Items.Count > 0)
            {
                cmbPortList.SelectedIndex = 0;
            }
            else
            {
                MessageBox.Show("未找到串口");
```

```
        }
    }
    private void btnGet_Click(object sender, RoutedEventArgs e)
    {
        if (cmbPortList.SelectedIndex == -1)
        {
            MessageBox.Show("请选择串口号");
            return;
        }
        adam4150.SetData();
        lblBodyInfrared.Content = adam4150.bodyInfraredValue;
        lblFire.Content = adam4150.fireValue;
        lblSmoke.Content = adam4150.smokeValue;
        lblInfrared.Content = adam4150.infraredValue;
    }
// 打开或关闭路灯
    private void btnStreetLamp_Click(object sender, RoutedEventArgs e)
    {
        bool onOff = false;
        if (btnStreetLamp.Content.ToString().Equals("打开"))
        {
            btnStreetLamp.Content = "关闭";
            onOff = true;
        }
        else
        {
            btnStreetLamp.Content = "打开";
        }
        adam4150.ControlStreetLamp(onOff);
    }
//  打开或关闭楼道灯
    private void btnCorridorLamp_Click(object sender, RoutedEventArgs e)
    {
        bool onOff = false;
        if (btnCorridorLamp.Content.ToString().Equals("打开"))
        {
            onOff = true;
            btnCorridorLamp.Content = "关闭";
        }
        else
        {
```

```
            btnCorridorLamp.Content = "打开";
        }
        adam4150.ControlCorridorLamp(onOff);
    }
    // 打开或关闭报警
    private void btnAlarmLamp_Click(object sender, RoutedEventArgs e)
    {
        bool onOff = false;
        if (btnAlarmLamp.Content.ToString().Equals("打开"))
        {
            onOff = true;
            btnAlarmLamp.Content = "关闭";
        }
        else
        {
            btnAlarmLamp.Content = "打开";
        }
        adam4150.ControlAlarmLamp(onOff);
    }
    private void btnOpen_Click(object sender, RoutedEventArgs e)
    {
        if (cmbPortList.SelectedIndex == -1)
        {
            MessageBox.Show("请选择串口号");
            return;
        }
        adam4150 = new ADAM4150(cmbPortList.SelectedValue.ToString());
        if (btnOpen.Content.ToString().Equals("关闭"))
        {
            adam4150.Close();
            btnOpen.Content = "打开";
            SetButton(false);
        }
        else
        {
            adam4150.Open();
            SetButton(true);
            btnOpen.Content = "关闭";
        }
    }
    // 控件设置
```

```
    private void SetButton(bool isTrue)
    {
        btnGet.IsEnabled = isTrue;
        btnStreetLamp.IsEnabled = isTrue;
        btnCorridorLamp.IsEnabled = isTrue;
        btnAlarmLamp.IsEnabled = isTrue;
    }
}
}
```

4）在Common文件夹中添加ADAM4150.cs文件，代码如下：

```
namespace Common
{
    public class ADAM4150
    {
        public SerialPort CurrentSerialPort = null;
        public object mOpenLock = new object();
        public bool fireValue;
        public bool smokeValue;
        public bool bodyInfraredValue;
        public bool infraredValue;
        //路灯开关命令
        byte[] onAlarmLamp = new byte[] { 0x01, 0x05, 0x00, 0x12, 0xFF, 0x00, 0x2C, 0x3F };
        byte[] offAlarmLamp = new byte[] { 0x01, 0x05, 0x00, 0x12, 0x00, 0x00, 0x6D, 0xCF };
        //楼道灯开关命令
        byte[] onCorridorLamp = new byte[] { 0x01, 0x05, 0x00, 0x11, 0xFF, 0x00, 0xDC, 0x3F };
        byte[] offCorridorLamp = new byte[] { 0x01, 0x05, 0x00, 0x11, 0x00, 0x00, 0x9D, 0xCF };
        //火警开关命令
        byte[] onStreetLamp = new byte[] { 0x01, 0x05, 0x00, 0x10, 0xFF, 0x00, 0x8D, 0xFF };
        byte[] offStreetLamp = new byte[] { 0x01, 0x05, 0x00, 0x10, 0x00, 0x00, 0xCC, 0x0F };
        public ADAM4150(string strCom = "COM1", int baudRate = 9600)
        {
            CurrentSerialPort = new SerialPort();
            CurrentSerialPort.PortName = strCom;
            CurrentSerialPort.BaudRate = baudRate;
        }
        // 打开串口
        public bool Open()
        {
            if (!CurrentSerialPort.IsOpen)
            {
                //打开串口
```

```csharp
        lock (mOpenLock)
        {
            if (!CurrentSerialPort.IsOpen)
            {
                CurrentSerialPort.Open();
            }
        }
    }
    return CurrentSerialPort.IsOpen;
}

// 关闭串口
public void Close()
{
    if (CurrentSerialPort.IsOpen)
    {
        lock (mOpenLock)
        {
            if (CurrentSerialPort.IsOpen)
            {
                CurrentSerialPort.Close();
            }
        }
    }
}
// 获取设置4个模拟量的值
public void SetData()
{
    byte[] buffer = new byte[] { 0x01, 0x01, 0x00, 0x00, 0x00, 0x07, 0x7D, 0xC8 };
    Write(buffer, 0, buffer.Length);
    byte[] data = GetByteData();//
    byte[] results = data;
    Array.Resize(ref data, data.Length – 2);
    byte[] checkdata = CRC16.GetCRC16(data, true);//获取高低位
    //验证
    if (checkdata[0] == results[results.Length – 2] && checkdata[1] == results[results.Length – 1])
    {
        char[] statusValue = ToBinary7(results[3]);
        statusValue = statusValue.Reverse().ToArray();
        infraredValue = statusValue[4].ToString().Equals（"1"）;
        smokeValue = statusValue[2].ToString().Equals（"1"）;
```

```
                fireValue = statusValue[1].ToString().Equals("1");
                //人体红外要想做相反处理，程序中"0"和"1"的表示正好相反
                bodyInfraredValue = statusValue[0].ToString().Equals("0");
            }
        }
        // 写入数据

        private void Write(byte[] buffer, int offs, int count)
        {
            //清除缓冲区
            CurrentSerialPort.DiscardInBuffer();
            CurrentSerialPort.Write(buffer, offs, count);
        }
        // 获取串口数据

        private byte[] GetByteData()
        {
            Open();
            int bufferSize = CurrentSerialPort.BytesToRead;
            if (bufferSize <= 0)
                return null;

            byte[] readBuffer = new byte[bufferSize];
            int count = CurrentSerialPort.Read(readBuffer, 0, bufferSize);
            Close();
            return readBuffer;
        }
        // 控制路灯

        public void ControlStreetLamp(bool onOfff)
        {
            if (onOfff)
            {
                Write(onStreetLamp, 0, onStreetLamp.Length);
            }
            else
            {
                Write(offStreetLamp, 0, onStreetLamp.Length);
            }
        }
    // 控制楼道灯
```

```csharp
    public void ControlCorridorLamp(bool onOfff)
    {
        if (onOfff)
        {
            Write(onCorridorLamp, 0, onCorridorLamp.Length);
        }
        else
        {
            Write(offCorridorLamp, 0, onCorridorLamp.Length);
        }
    }
    // 控制火警
    public void ControlAlarmLamp(bool onOfff)
    {
        if (onOfff)
        {
            Write(onAlarmLamp, 0, onAlarmLamp.Length);
        }
        else
        {
            Write(offAlarmLamp, 0, onAlarmLamp.Length);
        }
    }
    private char[] ToBinary7(int value)
    {
        char[] chars = new char[7];
        value = value & 0xFF;
        for (int i = 6; i >= 0; i--)
        {
            chars[i] = (value % 2 == 1) ? '1' : '0';
            value /= 2;
        }
        return chars;
    }
}
```

5）在Common文件夹中添加CRC16.cs文件，代码如下：

```csharp
namespace Common
{
    // 校验值计算
    // 支持按位异或校验（XOR),支持CRC16查表法校验,支持CRC16带多项式计算法校验
```

```csharp
public class CRC16
{
    #region  -- CRC16查表法 --
    #region -- CRC对应表 --
    //高位表
    readonly static byte[] CRCHigh = new byte[]{
        0x00, 0xC1, 0x81, 0x40, 0x01, 0xC0, 0x80, 0x41, 0x01, 0xC0,
        0x80, 0x41, 0x00, 0xC1, 0x81, 0x40, 0x01, 0xC0, 0x80, 0x41,
        0x00, 0xC1, 0x81, 0x40, 0x00, 0xC1, 0x81, 0x40, 0x01, 0xC0,
        0x80, 0x41, 0x01, 0xC0, 0x80, 0x41, 0x00, 0xC1, 0x81, 0x40,
        0x00, 0xC1, 0x81, 0x40, 0x01, 0xC0, 0x80, 0x41, 0x00, 0xC1,
        0x81, 0x40, 0x01, 0xC0, 0x80, 0x41, 0x01, 0xC0, 0x80, 0x41,
        0x00, 0xC1, 0x81, 0x40, 0x01, 0xC0, 0x80, 0x41, 0x00, 0xC1,
        0x81, 0x40, 0x00, 0xC1, 0x81, 0x40, 0x01, 0xC0, 0x80, 0x41,
        0x00, 0xC1, 0x81, 0x40, 0x01, 0xC0, 0x80, 0x41, 0x01, 0xC0,
        0x80, 0x41, 0x00, 0xC1, 0x81, 0x40, 0x00, 0xC1, 0x81, 0x40,
        0x01, 0xC0, 0x80, 0x41, 0x01, 0xC0, 0x80, 0x41, 0x00, 0xC1,
        0x81, 0x40, 0x01, 0xC0, 0x80, 0x41, 0x00, 0xC1, 0x81, 0x40,
        0x00, 0xC1, 0x81, 0x40, 0x01, 0xC0, 0x80, 0x41, 0x01, 0xC0,
        0x80, 0x41, 0x00, 0xC1, 0x81, 0x40, 0x00, 0xC1, 0x81, 0x40,
        0x01, 0xC0, 0x80, 0x41, 0x00, 0xC1, 0x81, 0x40, 0x01, 0xC0,
        0x80, 0x41, 0x01, 0xC0, 0x80, 0x41, 0x00, 0xC1, 0x81, 0x40,
        0x00, 0xC1, 0x81, 0x40, 0x01, 0xC0, 0x80, 0x41, 0x01, 0xC0,
        0x80, 0x41, 0x00, 0xC1, 0x81, 0x40, 0x01, 0xC0, 0x80, 0x41,
        0x00, 0xC1, 0x81, 0x40, 0x00, 0xC1, 0x81, 0x40, 0x01, 0xC0,
        0x80, 0x41, 0x01, 0xC0, 0x80, 0x41, 0x00, 0xC1, 0x81, 0x40,
        0x00, 0xC1, 0x81, 0x40, 0x01, 0xC0, 0x80, 0x41, 0x01, 0xC0,
        0x80, 0x41, 0x00, 0xC1, 0x81, 0x40, 0x01, 0xC0, 0x80, 0x41,
        0x00, 0xC1, 0x81, 0x40, 0x00, 0xC1, 0x81, 0x40, 0x01, 0xC0,
        0x80, 0x41, 0x00, 0xC1, 0x81, 0x40, 0x01, 0xC0, 0x80, 0x41,
        0x01, 0xC0, 0x80, 0x41, 0x00, 0xC1, 0x81, 0x40, 0x01, 0xC0,
        0x80, 0x41, 0x00, 0xC1, 0x81, 0x40};
    //低位表
    readonly static byte[] CRCLow = new byte[]{
        0x00, 0xC0, 0xC1, 0x01, 0xC3, 0x03, 0x02, 0xC2, 0xC6, 0x06,
        0x07, 0xC7, 0x05, 0xC5, 0xC4, 0x04, 0xCC, 0x0C, 0x0D, 0xCD,
        0x0F, 0xCF, 0xCE, 0x0E, 0x0A, 0xCA, 0xCB, 0x0B, 0xC9, 0x09,
        0x08, 0xC8, 0xD8, 0x18, 0x19, 0xD9, 0x1B, 0xDB, 0xDA, 0x1A,
        0x1E, 0xDE, 0xDF, 0x1F, 0xDD, 0x1D, 0x1C, 0xDC, 0x14, 0xD4,
        0xD5, 0x15, 0xD7, 0x17, 0x16, 0xD6, 0xD2, 0x12, 0x13, 0xD3,
        0x11, 0xD1, 0xD0, 0x10, 0xF0, 0x30, 0x31, 0xF1, 0x33, 0xF3,
```

```
    0xF2, 0x32, 0x36, 0xF6, 0xF7, 0x37, 0xF5, 0x35, 0x34, 0xF4,
    0x3C, 0xFC, 0xFD, 0x3D, 0xFF, 0x3F, 0x3E, 0xFE, 0xFA, 0x3A,
    0x3B, 0xFB, 0x39, 0xF9, 0xF8, 0x38, 0x28, 0xE8, 0xE9, 0x29,
    0xEB, 0x2B, 0x2A, 0xEA, 0xEE, 0x2E, 0x2F, 0xEF, 0x2D, 0xED,
    0xEC, 0x2C, 0xE4, 0x24, 0x25, 0xE5, 0x27, 0xE7, 0xE6, 0x26,
    0x22, 0xE2, 0xE3, 0x23, 0xE1, 0x21, 0x20, 0xE0, 0xA0, 0x60,
    0x61, 0xA1, 0x63, 0xA3, 0xA2, 0x62, 0x66, 0xA6, 0xA7, 0x67,
    0xA5, 0x65, 0x64, 0xA4, 0x6C, 0xAC, 0xAD, 0x6D, 0xAF, 0x6F,
    0x6E, 0xAE, 0xAA, 0x6A, 0x6B, 0xAB, 0x69, 0xA9, 0xA8, 0x68,
    0x78, 0xB8, 0xB9, 0x79, 0xBB, 0x7B, 0x7A, 0xBA, 0xBE, 0x7E,
    0x7F, 0xBF, 0x7D, 0xBD, 0xBC, 0x7C, 0xB4, 0x74, 0x75, 0xB5,
    0x77, 0xB7, 0xB6, 0x76, 0x72, 0xB2, 0xB3, 0x73, 0xB1, 0x71,
    0x70, 0xB0, 0x50, 0x90, 0x91, 0x51, 0x93, 0x53, 0x52, 0x92,
    0x96, 0x56, 0x57, 0x97, 0x55, 0x95, 0x94, 0x54, 0x9C, 0x5C,
    0x5D, 0x9D, 0x5F, 0x9F, 0x9E, 0x5E, 0x5A, 0x9A, 0x9B, 0x5B,
    0x99, 0x59, 0x58, 0x98, 0x88, 0x48, 0x49, 0x89, 0x4B, 0x8B,
    0x8A, 0x4A, 0x4E, 0x8E, 0x8F, 0x4F, 0x8D, 0x4D, 0x4C, 0x8C,
    0x44, 0x84, 0x85, 0x45, 0x87, 0x47, 0x46, 0x86, 0x82, 0x42,
    0x43, 0x83, 0x41, 0x81, 0x80, 0x40};
#endregion
// 计算CRC16循环校验码

public static byte[] GetCRC16(byte[] Cmd, bool IsHighBefore)
{
    int index;
    int crc_Low = 0xFF;
    int crc_High = 0xFF;
    for (int i = 0; i < Cmd.Length; i++)
    {
        index = crc_High ^ (char)Cmd[i];
        crc_High = crc_Low ^ CRCHigh[index];
        crc_Low = (byte)CRCLow[index];
    }
    if (IsHighBefore == true)
    {
        return new byte[2] { (byte)crc_High, (byte)crc_Low };
    }
    else
    {
        return new byte[2] { (byte)crc_Low, (byte)crc_High };
    }
}
```

```
        }
      #endregion
    }
  }
```

6）启动项目进行测试，就可以看到图5-6所示的界面。

5.4 BinaryReader

C#的FileStream类提供了最原始的字节级上的文件读写功能，但编程人员习惯于对字符串进行操作，于是StreamWriter和StreamReader类增强了FileStream，它让编程人员在字符串级别上操作文件，但有的时候还是需要在字节级上操作文件，但又不是一个字节一个字节地操作，通常是2个、4个或8个字节这样操作，这便有了BinaryWriter和BinaryReader类，它们可以将一个字符或数字按指定个数字节写入，也可以一次读取指定个数的字节并转换为字符或数字。

1．BinaryReader方法（见表5-7）

表5-7　BinaryReader方法

方法	说明
Close	关闭当前阅读器及基础流
Dispose()	释放BinaryReader类的当前实例所使用的所有资源
Equals	确定指定的对象是否等于当前对象
Finalize	在垃圾回收将某一对象回收前，允许该对象尝试释放资源并执行其他清理操作
Read()	从基础流中读取字符，并根据所使用的Encoding，从流中读取特定字符
Read(Byte[], Int32, Int32)	从字节数组中的指定点开始，从流中读取指定的字节数
Read(Char[], Int32, Int32)	从字符数组中的指定点开始，从流中读取指定的字符数
ReadBoolean	从当前流中读取Boolean值，并使该流的当前位置提升1个字节
ReadByte	从当前流中读取下一个字节，并使流的当前位置提升1个字节
ReadBytes	从当前流中读取指定的字节数以写入字节数组中，并将当前位置前移相应的字节数
ReadChar	从当前流中读取下一个字符，并根据所使用的Encoding和从流中读取的特定字符，提升流的当前位置
ReadChars	从当前流中读取指定的字符数，并以字符数组的形式返回数据，然后根据所使用的Encoding和从流中读取的特定字符，将当前位置前移
ReadString	从当前流中读取一个字符串。字符串有长度前缀，一次7位地被编码为整数
ReadUInt16	使用Little-Endian编码从当前流中读取两字节无符号整数，并将流的位置提升两个字节
ReadUInt32	从当前流中读取4字节无符号整数，并使流的当前位置提升4个字节
ReadUInt64	从当前流中读取 8 字节无符号整数，并使流的当前位置提升8个字节
ToString	返回表示当前对象的字符串

2. BinaryWriter和BinaryReader数据读写

BinaryWriter和BinaryReader类用于读取和写入数据。下面的代码演示如何向新的空文件流写入数据及从中读取数据。在当前目录中创建了数据文件后，也就同时创建了相关的BinaryWriter和BinaryReader，BinaryWriter用于向Test.data写入整数0～10，Test.data用于将文件指针置于文件尾。在将文件指针设置回初始位置后，BinaryReader读出指定的内容。

```csharp
using System;
using System.IO;
class MyStream
{
    private const string FILE_NAME = "Test.data";
    public static void Main(String[] args)
    {
        // Create the new, empty data file.
        if (File.Exists(FILE_NAME))
        {
            Console.WriteLine("{0} already exists!", FILE_NAME);
            return;
        }
        FileStream fs = new FileStream(FILE_NAME, FileMode.CreateNew);
        // Create the writer for data.
        BinaryWriter w = new BinaryWriter(fs);
        // Write data to Test.data.
        for (int i = 0; i < 11; i++)
        {
            w.Write( (int) i);
        }
        w.Close();
        fs.Close();
        // Create the reader for data.
        fs = new FileStream(FILE_NAME, FileMode.Open, FileAccess.Read);
        BinaryReader r = new BinaryReader(fs);
        // Read data from Test.data.
        for (int i = 0; i < 11; i++)
        {
            Console.WriteLine(r.ReadInt32());
        }
        r.Close();
        fs.Close();
    }
```

}

3．使用BinaryReader进行BitmapImage与byte数组的转换

工程案例

【例5-3】在使用WPF开发的小区物业监控系统中，实现通过摄像头拍摄到图片并放到数据库中，运行结果如图5-7所示。

图5-7　通过摄像头拍摄到图片并放到数据库中

操作步骤如下：

1）新建一个"Demo_5_3"WPF应用程序项目。

2）在"MainWindow.xaml"中添加如下代码：

```
<Window x:Class="Demo_5_3 MainWindow"
        xmlns="http://schemas.microsoft.com/winfx/2006/xaml/presentation"
        xmlns:x="http://schemas.microsoft.com/winfx/2006/xaml"
        Title="Demo_5_3摄像头图像存储" Height="457" Width="750">
    <Grid>
        <Grid.ColumnDefinitions>
            <ColumnDefinition Width="546*"/>
            <ColumnDefinition Width="100*"/>
        </Grid.ColumnDefinitions>
            <Image Grid.Column="0" HorizontalAlignment="Left" Name="img" Source="NoPic.png"
Margin="17,17,0,61.722" Width="476.389" Stretch="Fill"/>
        <Grid Grid.Column="1">
```

```xml
<Image Grid.Column="0" HorizontalAlignment="Left" x:Name="img1"    Stretch="Fill"/>
        <Button x:Name="btnStart" Content="开始" HorizontalAlignment="Left" VerticalAlignment="Top"
Width="75" Click="btnStart_Click" Tag="0" Margin="10,41,0,0"/>
        <Button Name="btnCutImage" Content="截屏存储" HorizontalAlignment="Left"
VerticalAlignment="Top" Width="75" Click="btnCutImage_Click" Margin="10,102,0,0"/>
    </Grid>
  </Grid>
</Window>
```

3）在"MainWindow.xaml.cs"中添加如下代码：

```csharp
namespace Demo_5_3摄像头图像存储
{
    public partial class MainWindow : Window
    {
        //摄像头操作类
        private IPCamera _VedioAndController;
        // "开始"按钮单击事件
        private void btnStart_Click(object sender, RoutedEventArgs e)
        {
//判断btnStart按钮的Tag属性值，若为0，表示摄像头为关闭状态，则开启，否则关闭
            if (btnStart.Tag.ToString() == "0")
            {
//若_VedioAndController摄像头操作类为null，表示未实例化，则初始化摄像头操作类
                if (_VedioAndController == null)
                _VedioAndController = new IpCameraHelper(Function.GetConfigValue("RoundVedioIp"),
Function.GetConfigValue("RoundVedioUserName"), Function.GetConfigValue("RoundVedioPassWord"),
                    new Action<ImageEventArgs>((arg) =>
                    {
//arg.FrameReadyEventArgs.BitmapImage为摄像头返回的图像，将其赋值给img图片控件，用于显示图片
                        img.Source = arg.FrameReadyEventArgs.BitmapImage;
                    }));
                //开始显示摄像头图像
                _VedioAndController.StartProcessing();
                //将btnStart按钮的Content属性（按钮显示的文字）设置为关闭
                btnStart.Content = "关闭";
//将btnStart按钮的Tag属性设置为1，表示摄像头为打开状态
                btnStart.Tag = "1";
            }
            else
            {
                //若_VedioAndController摄像头操作类不为null，则表示已实例化
                if (_VedioAndController != null)
                    _VedioAndController.StopProcessing();//关闭摄像头
```

```
                //将btnStart按钮的Content属性（按钮显示的文字）设置为打开
                btnStart.Content = "打开";
                //将btnStart按钮的Tag属性设置为0，表示摄像头为关闭状态
                btnStart.Tag = "0";
            }
        }
    // "截屏存储" 按钮单击事件
        private void btnCutImage_Click(object sender, RoutedEventArgs e)
        {
            //无图像或图片源不是BitmapImage对象时返回
            if (img.Source == null || !(img.Source is BitmapImage))
                return;
            CutCameraToDatabase();
        }
        #region —— 私有方法 ——
    // 将摄像头图片入库
        private int CutCameraToDatabase()
        {
            //获取img控件的当前图像
            BitmapImage bimg = (BitmapImage)img.Source;
            Byte[] btyes = Function.ToByteArray(bimg);//将图片转换成Byte[]数组
            //SQL语句，用于将图片入库
                string CommandText = "INSERT INTO CameraImage(CamName,CamImage)
VALUES(@CamName,@CamImage)";
            //设置参数
            SqlParameter[] paras = new SqlParameter[]
            {
                //图像名称参数
                new SqlParameter("@CamName", DateTime.Now.ToLongTimeString()),
                //图像参数
                new SqlParameter("@CamImage", SqlDbType.Image)
            };
            //将paras[1]（参数对象中索引1的参数，图像参数）参数的值设置为btyes变量的值
            paras[1].Value = btyes;
            //执行SQL语句，将图像入库
            return SimpleSqlserverHelper.ExecuteNonQuery(CommandText, paras);
        }
        #endregion
    }
}
```

4）在项目中添加Function.cs文件，代码如下：

```
namespace Demo_5_3
```

```
{
    public class Function
    {
    // 读取配置
        public static string GetConfigValue(string key)
        {
            //若读取的Key不为null
            if (ConfigurationManager.AppSettings[key] != null)
            {
                //将读取到的值转换成字符串返回
                return ConfigurationManager.AppSettings[key].ToString();
            }
            return string.Empty;
        }
    // byte[]转换为BitmapImage
    public static BitmapImage ToImage(byte[] byteArray)
        {
            BitmapImage bmp = null;
            try
            {
                bmp = new BitmapImage();
                bmp.BeginInit();
                bmp.StreamSource = new MemoryStream(byteArray);
                bmp.EndInit();
            }
            catch
            {
                bmp = null;
            }
            return bmp;
        }
    // BitmapImage转换为byte[]
    public static byte[] ToByteArray(BitmapImage bmp)
        {
            byte[] ByteArray = null;
            try
            {
                Stream stream = bmp.StreamSource;
                if (stream != null && stream.Length > 0)
                {
                    stream.Position = 0;
```

```
                using (BinaryReader br = new BinaryReader(stream))
                {
                    ByteArray = br.ReadBytes((int)stream.Length);
                }
            }
        }
        catch
        {
            return null;
        }
        return ByteArray;
    }
}
}
```

5）在项目中添加SimpleSqlserverHelper.cs文件，代码如下：

```
namespace Demo_5_3
{
    // 简单的SQL Server帮助类
    public static class SimpleSqlserverHelper
    {
        private static string ConnString;
        // 静态构造函数
        static SimpleSqlserverHelper()
        {
            //取app.config的配置
            ConnString = Function.GetConfigValue("ConnString");
        }
        // ExecuteNonQuery
    public static int ExecuteNonQuery(string commandText, params SqlParameter[] commandParameters)
        {
            using (SqlConnection conn = new SqlConnection(ConnString))
            {
                conn.Open();
                SqlCommand cmd = new SqlCommand();
                cmd.Connection = conn;
                cmd.CommandText = commandText;
                foreach (SqlParameter para in commandParameters)
                {
                    cmd.Parameters.Add(para);
                }
                int ExeID = (int)(cmd.ExecuteNonQuery());
```

```csharp
                conn.Close();
                return ExeID;
        }
    }


    // ExecuteDataset
    public static DataSet ExecuteDataset(string commandText, params SqlParameter[] commandParameters)
    {
        using (SqlConnection conn = new SqlConnection(ConnString))
        {
            conn.Open();
            SqlCommand cmd = new SqlCommand();
            cmd.Connection = conn;
            cmd.CommandText = commandText;
            foreach (SqlParameter para in commandParameters)
            {
                cmd.Parameters.Add(para);
            }
            using (SqlDataAdapter adapter = new SqlDataAdapter(cmd))
            {
                adapter.SelectCommand = cmd;
                DataSet dataSet = new DataSet();
                adapter.Fill(dataSet);
                cmd.Parameters.Clear();
                return dataSet;
            };
        };
    }

    // ExecuteReader
    public static SqlDataReader ExecuteReader(string commandText, params SqlParameter[] commandParameters)
    {
        using (SqlConnection conn = new SqlConnection(ConnString))
        {
            conn.Open();
            SqlCommand cmd = new SqlCommand();
            cmd.Connection = conn;
            cmd.CommandText = commandText;
            SqlDataReader sdr = cmd.ExecuteReader();
            return sdr;
        }
    }
```

```
        }
    }
```

6）启动项目进行测试，就可以看到图5-7所示的界面。

5.5 MemoryStream

1. MemoryStream类

和FileStream一样，MemoryStream派生自基类Stream，因此它们有很多共同的属性和方法，但是每一个类都有自己独特的用法。MemoryStream是实现对内存进行数据读写，而不是对持久性存储器进行读写。

MemoryStream类用于向内存而不是磁盘读写数据。MemoryStream封装以无符号字节数组形式存储的数据，该数组在创建MemoryStream对象时被初始化，或该数组可能创建为空数组。可在内存中直接访问这些封装的数据。MemoryStream可降低应用程序中对临时缓冲区和临时文件的依赖。

MemoryStream的好处是指针可以随意访问，也就是支持CanSeek属性和Position属性，以及Seek方法。这样可以任意读取其中的一段。

（1）MemoryStream属性（见表5-8）

表5-8 MemoryStream属性

属性	说明
CanRead	获取一个值，该值指示当前流是否支持读取
CanSeek	获取一个值，该值指示当前流是否支持查找
CanTimeout	获取一个值，该值确定当前流是否可以超时
CanWrite	获取一个值，该值指示当前流是否支持写入
Capacity	获取或设置分配给该流的字节数（这个是分配的字节数）
Length	获取用字节表示的流长度（这个是真正占用的字节数）
Position	获取或设置流中的当前位置
ReadTimeout	获取或设置一个值，该值确定流在超时前尝试读取多长时间
WriteTimeout	获取或设置一个值，该值确定流在超时前尝试写入多长时间

属性应用参见如下示例代码:

```
MemoryStream ms = new MemoryStream();
Console.WriteLine(ms.CanRead);       //True  内存流可读
Console.WriteLine(ms.CanSeek);       //True  内存流支持查找，指针移来移去地查找
Console.WriteLine(ms.CanTimeout);    //False 内存流不支持超时
Console.WriteLine(ms.CanWrite);      //True  内存流可写
Console.WriteLine(ms.Capacity);      //0     分配给该流的字节数
byte[] bytes = Encoding.UTF8.GetBytes("abcdedcba");
```

```
    ms.Write(bytes, 0, bytes.Length);    //已将一段文本写入内存
```

Console.WriteLine(ms.Capacity);   //256   再次读取为文本流分配的字节数，已经变成了256，看来内存流是根据需要的多少来分配的

Console.WriteLine(ms.Length);   //9   这个是流长度，通常与英文的字符数一样，是真正占用的字节数

Console.WriteLine(ms.Position);   //9   流当前的位置，该属性可读可设置

//Console.WriteLine(ms.ReadTimeout);   由于流不支持超时，此属性如果读取或设置则会报错

//Console.WriteLine(ms.WriteTimeout);   由于流不支持超时，此属性如果读取或设置则会报错

（2）MemoryStream方法

MemoryStream方法见表5-9。

表5-9 MemoryStream方法

方法	说明
BeginRead	开始异步读操作
BeginWrite	开始异步写操作
Close	关闭当前流并释放与之关联的所有资源（如套接字和文件句柄）
CreateObjRef	创建一个对象，该对象包含生成用于与远程对象进行通信的代理所需的全部相关信息
Dispose	已重载
EndRead	等待挂起的异步读取完成
EndWrite	结束异步写操作
Flush	重写Stream.Flush以便不执行任何操作
GetBuffer	返回从中创建此流的无符号字节的数组。会返回所有分配的字节，不管是否用到
GetLifetimeService	检索控制此实例的生存期策略的当前生存期服务对象
InitializeLifetimeService	获取控制此实例的生存期策略的生存期服务对象
Read	从当前流中读取字节块并将数据写入buffer中
ReadByte	从MemoryStream流中读取一个字节
Seek	将当前流中的位置设置为指定值
SetLength	将当前流的长度设为指定值
Synchronized	在指定的Stream对象周围创建线程安全（同步）包装
ToArray	将整个流内容写入字节数组，而与Position属性无关
Write	使用从缓冲区读取的数据，将字节块写入当前流
WriteByte	将一个字节写入当前流中的当前位置
WriteTo	将此内存流的全部内容写入另一个流中

1）Read方法使用的语法如下：

```
mmstream.Read(byte[] buffer,offset,count)
```

其中，mmstream为MemoryStream类的一个流对象，3个参数中，buffer包含指定的字节数组，该数组中，从offset到（offset+count-1）之间的值由当前流中读取的字符替换。offset指buffer中的字节偏移量，从此处开始读取。count指最多读取的字节数。Write()方法和Read()方法具有相同的参数类型。

2）下面是一个MemoryStream类的使用实例，具体代码如下：

```
MemoryStream ms = new MemoryStream();
byte[] byte1 = ms.GetBuffer(); //返回无符号字节数组
string str1 = Encoding.UTF8.GetString(byte1);
Console.WriteLine(str1);      //输出abcdedcba
ms.Seek(2, SeekOrigin.Current);    //设置当前流正在读取的位置，若为开始位置即从0开始
//从内存中读取一个字节
int i = ms.ReadByte();
Console.WriteLine(i);    //输出99
byte[] bytes3 = ms.ToArray();
foreach (byte b in bytes3)
{
Console.Write(b + "-");//用于对比输出 97-98-99-100-101-100-99-98-97-，可以看到下标从
0开始第2位刚好是99
}
MemoryStream ms2 = new MemoryStream();
byte[] bytes6 = Encoding.UTF8.GetBytes("abcde");
ms2.Write(bytes6, 0, bytes6.Length);
Console.WriteLine(ms2.Position); //输出5之后，流的位置就到最后了
ms2.Position = 0;       //Read是从当前位置开始读，这行代码和上面一行意义一样
byte[] byteArray = new byte[5] { 110, 110, 110, 110, 110 }; //99经过YTF8解码后是n
ms2.Read(byteArray, 2, 1);     //读取一个字节，byteArray的第一个元素中，注意下标从0开始
Console.WriteLine(Encoding.UTF8.GetString(byteArray));
Console.WriteLine(ms.Length);    //输出9，当前流的长度是9
ms.SetLength(20);
Console.WriteLine(ms.Length);    //输出20
foreach (byte b in ms.ToArray())     //将流的内容，也就是内存中的内容转换为字节数组
{
Console.Write(b + "-"); //输出 97-98-99-100-101-100-99-98-97-0-0-0-0-0-0-0-0-0-0-0
}
Console.WriteLine(Encoding.UTF8.GetString(ms.ToArray()));    //输出abcdedcba
MemoryStream ms1 = new MemoryStream();
byte[] bytes4 = ms1.ToArray();
Console.WriteLine("此内存流并没有写入数据(Write)" + Encoding.UTF8.GetString(bytes4));//输出
此内存流
//在指定位置写入
```

```
MemoryStream ms3 = new MemoryStream();
byte[] bytesArr = Encoding.ASCII.GetBytes("abcdefg");
ms3.Write(bytesArr, 0, bytesArr.Length);
ms3.Position = 2;
ms3.WriteByte(97);   //97代表的是a，这段代码的意思是，将原先第2个c替换为a
string str = Encoding.ASCII.GetString(ms3.ToArray());
Console.WriteLine(str); //输出 abacdefg
byte[] byteArr1 = Encoding.ASCII.GetBytes("kk");
ms3.Position = 4;
ms3.Write(byteArr1, 0, byteArr1.Length);
Console.WriteLine(Encoding.UTF8.GetString(ms3.ToArray())); //从第4位开始替换掉了两个字节为"kk"
Console.ReadKey();
```

MemoryStream类通过字节读写数据。本例中定义了写入的字节数组，为了更好地说明 Write和WriteByte的异同，在代码中声明了两个byte数组，其中一个数组写入时调用Write 方法，通过指定该方法的3个参数实现写入。

另一个数组调用了WriteByte方法，每次写入一个字节，所以采用while循环来完成全 部字节的写入。写入MemoryStream后，可以检索该流的容量和实际长度，以及当前流的位 置，将这些值输出到控制台。通过观察结果，可以确定写入MemoryStream流是否成功。

调用Read和ReadByte两个方法读取MemoryStream流中的数据，并将其进行 Unicode编码后输出到控制台。

2. 使用MemoryStream进行byte数组与BitmapImage的转换

【例5-4】在使用WPF开发的小区物业监控系统中，实现从数据库读取二进制数据并转换 成图片显示出来，运行结果如图5-8所示。

图5-8　从数据库读取二进制数据并转换成图片

操作步骤如下：

1）新建一个"Demo_5_4"WPF应用程序项目。

2）在"MainWindow.xaml"中添加如下代码：

```
<Window x:Class="Demo_5_4.MainWindow"
        xmlns="http://schemas.microsoft.com/winfx/2006/xaml/presentation"
        xmlns:x="http://schemas.microsoft.com/winfx/2006/xaml"
        Title="Demo_5_4获取二进制显示图片" Height="350" Width="600">
    <Grid>
        <Grid.ColumnDefinitions>
            <ColumnDefinition Width="239*"/>
            <ColumnDefinition Width="57*"/>
        </Grid.ColumnDefinitions>
         <Image x:Name="img1" Grid.Column="0" HorizontalAlignment="Left"    Width="476" Stretch="Fill" Source="NoPic.png"/>
            <Button x:Name="btnGet" Content="获取" Grid.Column="1" HorizontalAlignment="Left" Margin="29,118,0,0" VerticalAlignment="Top" Width="75" Click="btnGet_Click"/>

    </Grid>
</Window>
```

3）在"MainWindow.xaml.cs"中添加如下代码：

```
using System;
namespace Demo_5_4   //获取二进制显示图片
{
    public partial class MainWindow : Window
    { // 图片缓存
private static Dictionary<string, BitmapImage> cacheImage = new Dictionary<string, BitmapImage>();
        public MainWindow()
        {
            InitializeComponent();
        }
        private void btnGet_Click(object sender, RoutedEventArgs e)
        {
            ReadCameraImage();
        }
        // 读取单张图片
        private void ReadCameraImage()
        {
            //创建一个图像变量对象
```

```
        BitmapImage image = null;
        try
        {
            //SQL语句，查找数据库以获取记录数据ID对应的图片
            string CommandText = "SELECT top 1 CamImage FROM CameraImage";
            //执行SQL语句并传入参数，返回DataSet类型数据
            DataSet ds = SimpleSqlserverHelper.ExecuteDataset(CommandText);
            if (ds != null && ds.Tables[0] != null && ds.Tables[0].Rows.Count > 0)
            {
                //获取ds表格中索引为0的表格的Rows[0][0]（第0行0列）数据
                byte[] bytes = (byte[])ds.Tables[0].Rows[0][0];
                //将bytes转换为图像并赋值给image变量
                image = Function.ToImage(bytes);
                //将获取到的图像缓存到cacheImage字典中
                cacheImage.Add("1", image);
            }
        }
        catch { }
        //若image图像控件不为空
        if (null != image)
            img1.Source = image;//将image赋值到img1图像控件用于显示
    }
}
```

4）在项目中添加Function. cs文件，代码如下：

```
namespace Demo_5_4//获取二进制显示图片
{
    public class Function
    {   // 读取配置
            public static string GetConfigValue(string key)
        {
            //若读取的Key不为null
            if (ConfigurationManager.AppSettings[key] != null)
            {
                //将读取到的值转换成字符串返回
                return ConfigurationManager.AppSettings[key].ToString();
            }
            return string.Empty;
        }
    // byte[]转换为BitmapImage
public static BitmapImage ToImage(byte[] byteArray)
```

```
        {
            BitmapImage bmp = null;
            try
            {
                bmp = new BitmapImage();
                bmp.BeginInit();
                bmp.StreamSource = new MemoryStream(byteArray);
                bmp.EndInit();
            }
            catch
            {
                bmp = null;
            }
            return bmp;
        }
    // BitmapImage转换为byte[]
public static byte[] ToByteArray(BitmapImage bmp)
        {
            byte[] ByteArray = null;
            try
            {
                Stream stream = bmp.StreamSource;
                if (stream != null && stream.Length > 0)
                {
                    stream.Position = 0;
                    using (BinaryReader br = new BinaryReader(stream))
                    {
                        ByteArray = br.ReadBytes((int)stream.Length);
                    }
                }
            }
            catch
            {
                return null;
            }
            return ByteArray;
        }
    }
}
```

5）在项目中添加SimpleSqlserverHelper.cs文件，代码如下：

```
namespace Demo_5_4获取二进制显示图片
{   // 简单的SQL Server帮助类
```

```csharp
public static class SimpleSqlserverHelper
{
    private static string ConnString;
    // 静态构造函数
    static SimpleSqlserverHelper()
    {
        //获取app.config的配置
        ConnString = Function.GetConfigValue("ConnString");
    }
    // ExecuteNonQuery
    public static int ExecuteNonQuery(string commandText, params SqlParameter[] commandParameters)
    {
        using (SqlConnection conn = new SqlConnection(ConnString))
        {
            conn.Open();
            SqlCommand cmd = new SqlCommand();
            cmd.Connection = conn;
            cmd.CommandText = commandText;
            foreach (SqlParameter para in commandParameters)
            {
                cmd.Parameters.Add(para);
            }
            int ExeID = (int)(cmd.ExecuteNonQuery());
            conn.Close();
            return ExeID;
        }
    }
    // ExecuteDataset
    public static DataSet ExecuteDataset(string commandText, params SqlParameter[] commandParameters)
    {
        using (SqlConnection conn = new SqlConnection(ConnString))
        {
            conn.Open();
            SqlCommand cmd = new SqlCommand();
            cmd.Connection = conn;
            cmd.CommandText = commandText;
            foreach (SqlParameter para in commandParameters)
            {
                cmd.Parameters.Add(para);
            }
            using (SqlDataAdapter adapter = new SqlDataAdapter(cmd))
            {
                adapter.SelectCommand = cmd;
```

```
                    DataSet dataSet = new DataSet();
                    adapter.Fill(dataSet);
                    cmd.Parameters.Clear();
                    return dataSet;
                };
            };
        }
    // ExecuteReader
    public static SqlDataReader ExecuteReader(string commandText, params SqlParameter[]
commandParameters)
        {
            using (SqlConnection conn = new SqlConnection(ConnString))
            {
                conn.Open();
                SqlCommand cmd = new SqlCommand();
                cmd.Connection = conn;
                cmd.CommandText = commandText;
                SqlDataReader sdr = cmd.ExecuteReader();
                return sdr;
            }
        }
    }
}
```

6）启动项目进行测试，就可以看到图5-8所示的界面。

5.6 小结

本章主要介绍了WPF中的I/O操作。本章首先分析在整个小区物业监控系统中I/O操作有什么样的应用？在哪些地方会出现这些应用？接下来，分别对串口的基本知识，WPF中使用串口，BinaryReader的用法；WPF中摄像头拍摄到的图片并存储到数据库中；MemoryStream的用法；WPF中数据库读取二进制数据并转换成图片等内容进行了基础实例演示。

学习本章应把注意力放在WPF中使用串口、WPF中摄像头拍摄到图片并存储到数据库中、WPF中数据库读取二进制数据并转换成图片的应用上，进而理解在整个系统中如何集成开发。

5.7 习题

1．简答题

1）简述串口接口标准，以及串口与并口有哪些区别。

2）CRC校验是什么？简述CRC16算法的步骤。

3）BinaryReader和MemoryStream指的是什么？各在什么地方应用？

2．操作题

1）仿照本章示例，编写一个简单的串口发送和接收的程序。

2）编写CRC16的函数，参考代码如下。

```
public static byte[] GetCRC16(byte[] Cmd, bool IsHighBefore)
    {
        int index;
        int crc_Low = 0xFF;
        int crc_High = 0xFF;
        for (int i = 0; i < Cmd.Length; i++)
        {
            index = crc_High ^ (char)Cmd[i];
            crc_High = crc_Low ^ CRCHigh[index];
            crc_Low = (byte)CRCLow[index];
        }
        if (IsHighBefore == true)
        {
            return new byte[2] { (byte)crc_High, (byte)crc_Low };
        }
        else
        {
            return new byte[2] { (byte)crc_Low, (byte)crc_High };
        }
    }
```

3）创建一个WPF应用程序，根据本章所学知识，将图5-7和图5-8所示的功能整合在一个界面上，即同时实现图像的存储和读取。

第6章
使用ASP.NET构建Web应用程序

通过前面章节的学习，读者已经熟悉了整个"小区物业监控系统"中模块的界面和数据的显现方法。例如，实现用户注册、登录功能，实现监控数据的存储与查询，监控信息的记录与读取。它们都是通过WPF来实现的，有些时候需要在Web上呈现，所以还需要学习应用ASP.NET技术来开发相应的功能。

本章主要是帮助读者熟悉与系统相关的、应用ASP.NET技术来开发相应的功能模块。为了使读者对比掌握WPF和ASP.NET开发的不同，这里选取的典型案例为第4章的"登录""注册"模块，只不过会使用Web技术再实现一次。其他模块的Web方式的数据的输入/输出操作都会给出具体相应的操作实例。本章具体相关模块如图6-1阴影所示。

要完成这个实例，必须先应用ASP.NET操作技术实现Web界面的开发，从Web应用开发和ASP.NET基础知识入手，学习Web应用程序结构和ASP.NET运行环境等，并应用Visual Studio 2012创建完成一个ASP.NET的小区物业监控程序。同时，给出了"登录""注册"模块以Web方式开发的具体实现过程。

学习本章应把重点放在如何构建ASP.NET应用程序的过程上，并通过案例指导，最终实现与WPF开发的小区物业监控系统的集成。

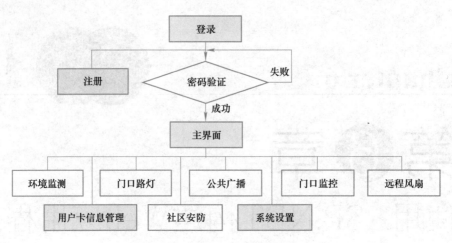

图6-1 第6章相关模块示意

↘ 本章重点

- 理解Web工作原理。
- 熟悉IIS的配置与使用。
- 掌握ASP.NET构建Web应用程序的过程。
- 学会在ASP.NET程序中进行数据查询与维护。

案例描述

在使用WPF开发的小区物业监控系统中，使用ASP.NET技术实现用户登录、用户注册，以及用户信息的查询与维护。

案例结果

在使用WPF开发的小区物业监控系统中，使用ASP.NET技术实现用户登录、用户注册，以及用户信息的查询与维护，运行效果如图6-2和图6-3所示。

图6-2 监控系统的用户登录和注册

图6-3　监控系统的用户信息查询与维护

案例准备 ◀

在这个简单的综合案例中，会涉及Web界面的开发功能等基础知识。下面就先来学习这些知识点，然后开始本案例的编程实现。

6.1　Web的工作原理

1．Web开发的基本概念

（1）网页

浏览者输入一个网址，在浏览器中看到文字、图片、超链接、动画、表单、音频、视频等内容，而承载这些内容的就是网页。实际上，网页是一个纯文本文件，它存放在某一台计算机中，而这台计算机与互联网相联，通过浏览器，任何一台计算机都可以浏览这个文件。

（2）网页开发标准

网页文件必须符合一定的开发标准才能让任何一台计算机都能浏览到。HTML（HyperText Markup Language，超文本标记语言）就是这样的标准。"超文本"是页面内可以包含的图片、链接、音频、视频、程序等非文字元素。一般，网页都是由HTML语言翻译出来的。浏览器将HTML语言"翻译"过来，并按照定义的格式显示出来，转化成网页。

（3）网站

网站是指在互联网上根据一定的规则，使用HTML等工具制作的用于展示特定内容的相关网页的集合。网站是一种通信工具，人们可以通过网站来发布想要公开的资讯或提供相关的网络服务。网站由域名、服务器空间、网页3部分组成。

（4）首页

当在浏览器的地址栏中输入网址，而未指向特定目录或文件时，通常浏览器也会打开网站的第一个页面，即首页。大多数首页的文件名是index、default或main加上扩展名。

（5）HTTP

HTTP是超文本传输协议，设计HTTP最初的目的是为了提供一种发布和接收HTML页面的方法。它定义了信息如何被格式化、如何被传输，以及在各种命令下服务器和浏览器所采取的响应。

（6）浏览器

网页浏览器主要通过HTTP与网页服务器交互并获取网页，是经常会使用到的客户端程序。常见的网页浏览器包括微软的Internet Explorer、Mozilla的Firefox、Apple的Safari等。

2. 静态网页与动态网页

（1）静态网页

静态网页指网页文件中没有程序代码只有HTML标记的网页，通常该类网页文件的扩展名为.html、.htm或.xml等。静态网页的内容相对稳定，因此较容易被搜索引擎检索。但是由于静态网页没有数据库的支持，因此静态网页的交互性和维护性较差。

（2）动态网页

动态网页指网页中既有HTML标记又有程序代码的网页。动态网页文件的扩展名为.asp、.aspx、.jsp或.php等。判断是否为动态网页不是看网页是否有动态效果，而是判断程序是否在服务器端运行。

3. 应用程序结构分类

（1）客户机/服务器体系结构（C/S结构）

客户端/服务器体系结构采用服务器与工作站通过局域网连接的结构方式，数据库应用系统软件分成客户端（应用程序）与服务器端（SQL程序），客户端与服务器端通过网络连接，客户端工作站将数据处理请求通过网络发给服务器，由数据库中的管理程序在服务器中完成数据处理工作，然后将结果返回给客户端。

（2）浏览器/Web应用服务器/数据库服务器体系结构（B/S结构）

浏览器/Web应用服务器/数据库服务器体系结构，采用Web浏览器（如IE浏览器）作为客户端应用软件，采用网页发布软件（如IIS）作为Web应用服务器，再加上数据库服务器（如SQL Server），有人将它简称为浏览器/服务器（Browser/Server，B/S）结构，如图6-4所示。

用户使用浏览器通过互联网向Web应用服务器发出页面请求，Web应用服务器对用户页面请求进行处理。若是静态请求，则直接将静态页面返回给用户浏览器，供用户浏览阅读。若是动态请求，则将数据请求（SQL语句）发送给数据库服务器，并由数据库服务器从数据库取出所需数据，通过Web应用服务器将数据与动态页面返回给用户浏览器，供用户阅读。

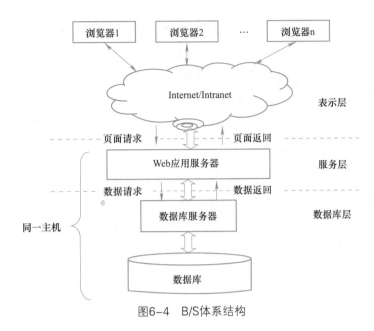

图6-4　B/S体系结构

4. ASP.NET基本概念

目前，各软件公司采用的主流开发技术主要有Java技术和.NET技术两种。Java技术是以SUN公司为主开发的一种开源软件技术，而.NET技术是微软公司推出的另一种软件技术，其中ASP.NET是基于Microsoft.NET框架的Web开发平台，是新一代Web开发主流技术之一。

（1）Web窗体页

Web窗体提供了窗体设计器、编辑器、控件和调试功能，使开发人员能用可视化方法设计动态页面，编写事件驱动程序，并能将应用程序的窗体控件与事件转换为HTML页面，使Web窗体页在任何客户端的浏览器上均可运行并显示页面，从而极大地提高了程序的开发效率。

Web窗体页由两部分组成：

1）视觉元素，如HTML、服务器控件、静态文本等，存放在.aspx文件中。

2）页面事件驱动程序，存放在.aspx.cs文件中（如采用C#语言）。

当浏览器请求访问一个.aspx文件时，Web窗体将被CLR编辑器编译，当用户再次访问该页面时，CLR会直接执行编译过的代码。

（2）ASP.NET应用程序的工作环境

1）.NET Framework。若要使用ASP.NET，在承载ASP.NET网站的计算机上必须安装.NET Framework。本书中实例代码实现时安装使用的是.NET Framework 4.5。

2）代码编辑器。例如，文本编辑器或MicroSoft Visual Studio等。

3）Web服务器。将Web应用程序存放到Web服务器的子目录或虚拟目录中，用户向Web服务器提出页面请求，若是静态网页，则直接将页面返回给用户；若是动态网页，则向数据库服务器提出数据请求，数据库服务器将数据返回Web服务器，由Web服务器将动态网页返回给用户。本书使用的Web服务器是微软公司的Internet信息服务器（IIS）。

（3）ASP.NET应用程序的结构

1）默认主页。可以为ASP.NET应用程序创建默认主页，例如，可以创建名为Default.aspx的页面，并将其保存在站点的根目录中。可以将Default.aspx页作为站点的首页，用户输入IP地址后，IIS将把Default.aspx作为默认主页，并由主页重定向到其他页。

2）ASP.NET应用程序的文件夹。ASP.NET网站创建的Web站点中，有一个空的App_Data文件夹，除此之外，在Web站点中还可能包括其他一些特殊的文件夹。这些文件夹都具有特殊功能，不允许在应用程序中随意创建同名文件夹，也不允许在这些文件夹中添加无关文件。表6-1具体列出了每个文件夹的作用。

表6-1　ASP.NET应用程序的特殊文件夹

文件夹	存放文件类型	描述说明
App_Browsers	.browser	包含用于标识个别浏览器，并确定其功能的浏览器定义文件
App_Code	.cs、.vb、.xsd	自定义的文件类型。当对应用程序发出首次请求时，ASP.NET将编译该文件夹中的代码，该文件夹中的代码在应用程序中自动地被引用
App_Data	.mdb、.mdf、.xml	包含应用程序的数据文件。另外，ASP.NET 2.0以后还使用App_Data文件夹来存储应用程序的本地数据库文件ASPNETDB.MDF，该数据库可用于维护成员资格、角色、用户配置等信息
App_GlobalResources	.resx、.resources	包含在本地化应用程序中以编程方式使用的资源文件
App_LocalResources	.resx、.resources	包含与应用程序中的特定页、用户控件或母版页相关联的资源
App_Themes	.skin、.css	包含用于定义ASP.NET网页和控件外观的文件集合
App_WebReferences	.wsdl	包含用于生成代理类的wsdl文件，以及与在应用程序中使用Web服务器相关的其他文件
Bin	.dll	包含要在应用程序中引用的控件、组件或其他代码的已编译程序集

3）ASP.NET应用程序文件的类型。ASP.NET应用程序（网站文件）有许多文件类型，大多数ASP.NET文件类型可通过Visual Studio 2012中的添加新项自动产生。对于网站开发人员而言，必须清楚网站文件的类型与含义。表6-2列出了ASP.NET管理的文件类型。

表6-2　ASP.NET管理的文件类型

文件类型	说明
.sln	解决方案文件
.csproj、.vbproj	应用程序项目文件
.cs、.vb	ASP.NET程序文件（Web窗体事件驱动源代码程序）
.resx、.resources	应用程序资源文件
.rpt	水晶报表文件
.mdb	Access数据库文件
.mdf	SQL Server数据库文件
.dll	已编译的类库文件
.config	应用程序配置文件
.aspx	ASP.NET页面文件（Web窗体的HTML标记文件）
.master	母版页文件
.sitemap	站点地图文件
.skin	外观（皮肤）文件
.ascx	用户控件文件
.complie	预编译文件
.asmx	XML Web Services文件
.asax	Global文件
.axd	跟踪查看文件
.browser	浏览器定义文件（用于标识客户端浏览器的启用功能）
.cd	类关系图文件

6.2　IIS的配置和使用

1. 安装IIS

IIS（Internet Information Services，互联网信息服务）的主要功能是响应用户请求，将浏览网页内容回传给用户浏览器，管理及维护Web站点、FTP站点，设置SMTP虚拟服务器等。下面简单介绍IIS的安装过程。

1）在Windows 7操作系统界面上执行"开始"→"控制面板"→"程序"命令，打开程序和功能窗口，如图6-5所示。

图6-5　程序和功能窗口

2）单击窗口左边的"打开或关闭Windows功能"命令，弹出"Windows 功能"窗口。找到"Internet信息服务"结点，按照实际开发需要勾选相应的功能，如图6-6所示。

3）等待IIS安装成功，安装完成后，在Windows 7操作系统界面上打开"管理工具"，可以看到"Internet信息服务（IIS）管理器"，如图6-7所示。

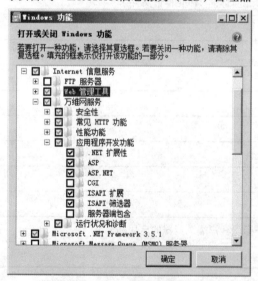

图6-6　"Windows 功能"窗口

图6-7　"管理工具"中的IIS管理器

4）双击"Internet 信息服务（IIS）管理器"即进入IIS管理界面。如果经常需要使用IIS，建议在"Internet 信息服务（IIS）管理器"上单击鼠标右键，在弹出的快捷菜单中，选择"发送"→"桌面快捷方式"命令，这样就能从桌面快速地进入IIS管理器。

5）在"Internet信息服务（IIS）管理器"窗口中，在"Default Web Site"（默认网站）结点上单击鼠标右键，在弹出的快捷菜单中选择"管理网站"→"浏览"命令（见图6-8），这时通过浏览器可以查看到Default Web Site中的默认网页（见图6-9），以此测试Internet信息服务管理器安装是否成功。

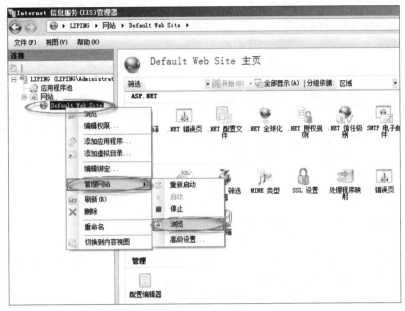

图6-8 IIS管理界面

图6-9 IIS7正确安装后的欢迎页面

IIS信息服务管理器安装成功后，系统会自动新建一个默认网站目录（也叫站点主目录），可以通过在该目录下创建Web窗体页来发布信息，一般默认网站目录为C:\Inetpub\wwwroot。如果要从默认网站目录之外的文件夹发布信息，则可以通过配置默认网站路径、创建新网站或在Web站点上创建虚拟目录来实现。

2．IIS的配置

在Internet信息服务管理器中，选中默认网站Default Web Site后单击右侧的"高级设置"（见图6-10），即弹出"高级设置"对话框。

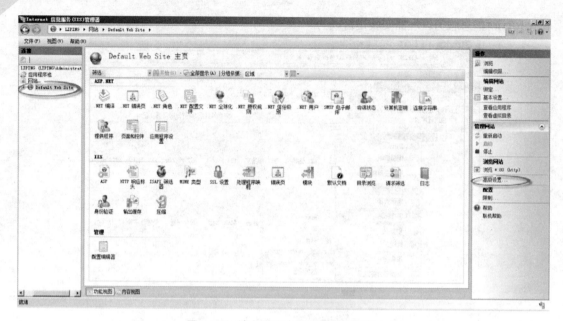

图6-10 站点配置中的"高级设置"

在如图6-11所示的"高级设置"对话框中，重新设置默认网站的路径、应用程序池和连接限制等。

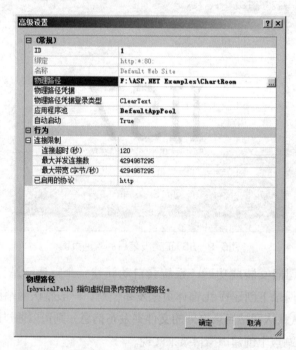

图6-11 "高级设置"对话框

在Internet信息服务管理器中，选中网站后单击右侧的"绑定"，弹出"网站绑定"对话框。在此对话框中单击"编辑"按钮，可以进行发布网站的IP地址和端口号的配置，如图6-12所示。

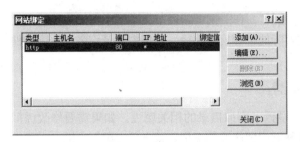 

a）   b）

图6-12　编辑网站绑定

a）"网站绑定"对话框　　b）"编辑网站绑定"对话框

3. IIS的使用

（1）创建新网站

在Internet信息服务管理器中，在"网站"上单击鼠标右键，在弹出的快捷菜单中选择"添加网站"命令，弹出如图6-13所示的"添加网站"对话框。在此对话框中可以输入网站名称，选择物理路径，配置发布网站的IP地址和端口号等。单击"确定"按钮后在Internet信息服务管理器中将出现新建的网站ChartRoom。

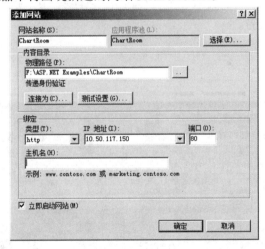

图6-13　"添加网站"对话框

（2）创建虚拟目录

在Windows操作系统中，可以使用Internet信息服务管理器在Web站点中创建虚拟目录，步骤如下：

1）在Internet信息服务管理器中，在要添加虚拟目录的站点（如"Default Web Site"）上单击鼠标右键，在弹出的快捷菜单中选择"添加虚拟目录"命令，弹出"添加虚拟目录"对话框，如图6-14所示。

图6-14　"添加虚拟目录"对话框

2）在"别名"文本框中输入虚拟目录的别名，在"物理路径"文本框中可以直接输入实际的物理目录路径，也可以通过按钮来定位实际的物理目录路径，将虚拟目录别名与实际文件目录路径映射起来。

3）单击"确定"按钮，完成虚拟目录的设置。

通过以上步骤完成了虚拟目录的配置，设置了虚拟目录的相关属性。如果需要修改虚拟目录的配置，则可以在Internet信息服务管理器中要修改的虚拟目录上单击鼠标右键，在弹出的快捷菜单中选择相应的命令，打开其属性对话框进行修改。

4）在本机的IE浏览器中输入地址：http://localhost/ChartRoom/Default.aspx，在远程浏览器中输入地址：http://Web服务器的IP地址/myWeb/Default.aspx，即可访问虚拟目录中的Default页面。

6.3 构建ASP.NET Web应用程序

1．启动Visual Studio 2012

在ASP.NET开发环境构建完成后，即可使用Visual Studio 2012进行ASP.NET Web应用程序的开发了。启动Visual Studio 2012后进入Visual Studio开发环境的"起始页"界面，如图6-15所示。第一次打开Visual Studio 2012会提示要求设置默认开发语言，本书选择Visual C#开发设置。

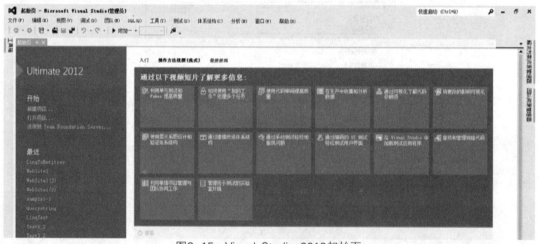

图6-15　Visual Studio 2012起始页

Visual Studio 2012开发环境由标题栏、菜单栏、工具栏、窗体设计器、工具箱、代码编辑器、资源管理器、属性设计窗口、输出信息窗口等组成。

2．创建ASP.NET网站

（1）创建空白解决方案

在Visual Studio 2012中，执行"文件"→"新建"→"项目"命令，弹出如图6-16所示的"新建项目"对话框。展开"其他项目类型"结点，新建"空白解决方案"，输入解决方案名，并设置存放位置。

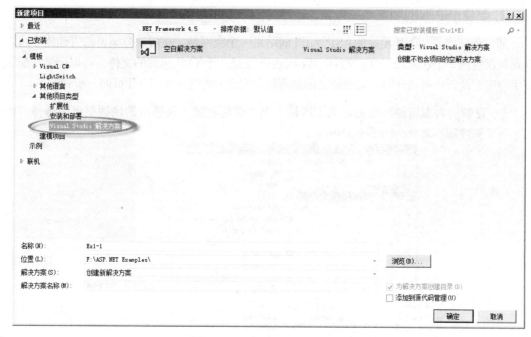

图6-16 "新建项目"对话框

（2）新建网站

在解决方案资源管理器中，在解决方案上单击鼠标右键，在弹出的快捷菜单中选择"添加"命令，再执行"新建网站"命令，弹出如图6-17所示的"添加新网站"对话框。在界面中部选择好开发的语言（如C#）后，选择创建的Web网站模板。在"Web位置"下拉列表框中选择"文件系统"选项，在文本框中输入存储位置，或单击"浏览"按钮选择一个新位置，最后单击"确定"按钮即可创建一个ASP.NET空网站。

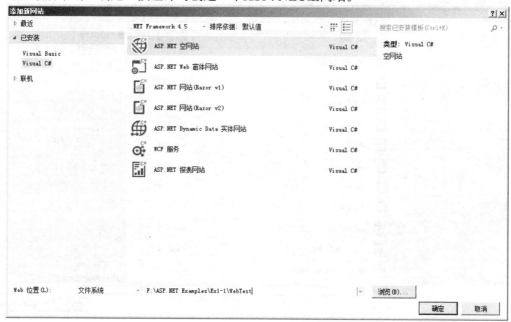

图6-17 "添加新网站"对话框

3．新建ASP.NET页面

通过前面的方法创建出来的ASP.NET网站是一个空网站，在解决方案资源管理器中可以看到其仅包含一个Web.config文件。Web.config是一个XML格式的文件，可以记录并配置应用程序的设置。网站开发者需要通过添加新建项的方式新建ASP.NET页面，步骤如下：

1）在解决方案资源管理器中选中网站，单击鼠标右键，在弹出的快捷菜单中选择"添加"→"新建项"命令，如图6-18所示。

图6-18　在网站中添加新建项

2）弹出"添加新项"对话框，选择新建项的类型为"Web窗体"，并在名称栏中输入新建网页的名称（如Default.aspx）。

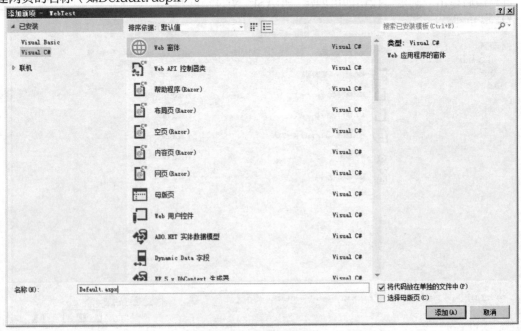

图6-19　新建Web窗体

创建完成后可以看到在解决方案资源管理器中出现了Default.aspx（页面文件），单击它还可以看到与此页面关联的Default.aspx.cs文件（即网页代码文件），如图6-20所示。

图6-20　页面创建成功后的解决方案资源管理器

3）单击新建页面Default.aspx下方的"设计"标签，可切换到网页设计界面。从工具箱中拖动各类控件创建Web应用程序的用户交互界面，并进行属性设置，如图6-21所示。

图6-21　页面设计视图界面

单击Default.aspx网页下方的"源"标签，将显示Default.aspx文件自动生成的HTML代码，如图6-22所示。

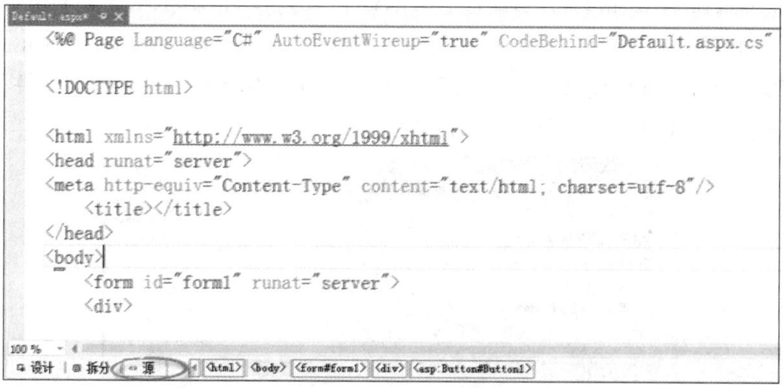

```
<%@ Page Language="C#" AutoEventWireup="true" CodeBehind="Default.aspx.cs"

<!DOCTYPE html>

<html xmlns="http://www.w3.org/1999/xhtml">
<head runat="server">
<meta http-equiv="Content-Type" content="text/html; charset=utf-8"/>
    <title></title>
</head>
<body>
    <form id="form1" runat="server">
    <div>
```

图6-22　页面源视图界面

4．编写ASP.NET代码

界面仅决定程序的外观。程序通过界面接收到必要的信息后，如何动作？要做什么样的操作？还需要通过编写相应的程序代码来实现。在页面中双击页面或控件，也可在属性窗口中选择某控件的事件后双击，即可进入代码编辑器进行程序代码的编写，如图6-23所示。

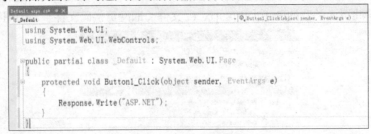

图6-23　代码编辑器

5．编译运行网页程序

执行"生成"→"生成解决方案"命令，进行程序编译。若程序编译通过，则会出现"生成成功"的提示。

执行"调试"→"启动调试"命令，首次调试时会出现如图6-24所示的"未启用调试"对话框，选中"修改Web.config文件以启动调试（M）。"单选按钮，打开网页运行界面。

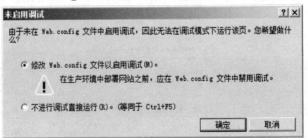

图6-24　"未启用调试"对话框

此过程也可直接单击工具栏中的▶按钮，进行程序的编译与运行。

6．发布网页程序

在解决方案资源管理器中的网站上单击鼠标右键，在弹出的快捷菜单中选择"生成网站"命令，然后再执行"发布网站"命令，选择发布网站的位置，如图6-25所示。这样将在指定位置生成Default.aspx、Web.config、PrecompiledApp.Config文件和Bin目录，在Bin目录生成App_Web_trm3ixjm.dll文件。

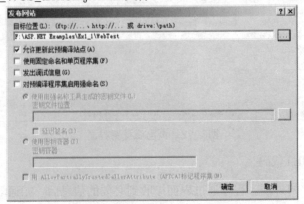

图6-25　"发布网站"对话框

在IIS的网站中创建虚拟路径Test，并选择发布Web网站的路径为本地路径，在浏览器中输入"http://locahost/Test/Default.aspx"，即可访问用户创建的网页。

【例6-1】在使用WPF开发的小区物业监控系统中，实现Web方式的小区物业监控系统的登录和注册，效果如图6-26所示。

图6-26　监控系统的登录和注册

操作步骤如下：

1）新建一个"Demo_6"Web应用程序项目。

2）打开SQL Server Management Studio，新建数据库WebDB，在其中输入如下SQL语句，用于在WebDB数据库中创建用户登录信息表Users。

```
USE [WebDB]
GO
/****** Object:  Table [dbo].[Users]     Script Date: 09/13/2015 10:50:37 ******/
SET ANSI_NULLS ON
GO
SET QUOTED_IDENTIFIER ON
GO
CREATE TABLE [dbo].[Users](
    [UserId] [int] IDENTITY(1,1) NOT NULL,
    [UserName] [nvarchar](50) NULL,
    [UserPwd] [nvarchar](50) NULL,
 CONSTRAINT [PK_Users] PRIMARY KEY CLUSTERED
(
    [UserId] ASC
)WITH (PAD_INDEX  = OFF, STATISTICS_NORECOMPUTE  = OFF, IGNORE_DUP_KEY =
OFF, ALLOW_ROW_LOCKS  = ON, ALLOW_PAGE_LOCKS  = ON) ON [PRIMARY]
) ON [PRIMARY]
GO
```

3）新建类文件"SimpleSqlserverHelper.cs"，完成数据库的操作，代码如下：

```csharp
namespace Demo_6
{
    // 简单的SQL Server帮助类
    public static class SimpleSqlserverHelper
    {
        private static string ConnString;
        //读取配置
        public static string GetConfigValue(string key)
        {
            //若读取的Key不为null
            if (ConfigurationManager.AppSettings[key] != null)
            {
                //将读取到的值转换成字符串返回
                return ConfigurationManager.AppSettings[key].ToString();
            }
            return string.Empty;
        }
        // 静态构造函数
        static SimpleSqlserverHelper()
        {
            //获取app.config的配置
            ConnString = GetConfigValue("ConnString");
        }
        // ExecuteNonQuery
        public static int ExecuteNonQuery(string commandText, params SqlParameter[] commandParameters)
        {
            using (SqlConnection conn = new SqlConnection(ConnString))
            {
                conn.Open();
                SqlCommand cmd = new SqlCommand();
                cmd.Connection = conn;
                cmd.CommandText = commandText;
                foreach (SqlParameter para in commandParameters)
                {
                    cmd.Parameters.Add(para);
                }
                int ExeID = (int)(cmd.ExecuteNonQuery());
                conn.Close();
                return ExeID;
            }
        }
        // ExecuteNonQuery
        public static int ExecuteNonQuery(string commandText)
```

```
        {
            using (SqlConnection conn = new SqlConnection(ConnString))
            {
                conn.Open();
                SqlCommand cmd = new SqlCommand();
                cmd.Connection = conn;
                cmd.CommandText = commandText;
                int ExeID = (int)(cmd.ExecuteNonQuery());
                conn.Close();
                return ExeID;
            }
        }
        public static DataSet ExecuteDataset(string commandText)
        {
            using (SqlConnection conn = new SqlConnection(ConnString))
            {
                conn.Open();
                SqlCommand cmd = new SqlCommand();
                cmd.Connection = conn;
                cmd.CommandText = commandText;

                using (SqlDataAdapter adapter = new SqlDataAdapter(cmd))
                {
                    adapter.SelectCommand = cmd;
                    DataSet dataSet = new DataSet();
                    adapter.Fill(dataSet);
                    cmd.Parameters.Clear();
                    return dataSet;
                };
            };
        }
        // ExecuteDataset
    public static DataSet ExecuteDataset(string commandText, params SqlParameter[] commandParameters)
        {
            using (SqlConnection conn = new SqlConnection(ConnString))
            {
                conn.Open();
                SqlCommand cmd = new SqlCommand();
                cmd.Connection = conn;
                cmd.CommandText = commandText;
                foreach (SqlParameter para in commandParameters)
                {
                    cmd.Parameters.Add(para);
                }
```

```csharp
            using (SqlDataAdapter adapter = new SqlDataAdapter(cmd))
            {
                adapter.SelectCommand = cmd;
                DataSet dataSet = new DataSet();
                adapter.Fill(dataSet);
                cmd.Parameters.Clear();
                return dataSet;
            };
        };
    }
    // ExecuteReader
    public static SqlDataReader ExecuteReader(string commandText, params SqlParameter[] commandParameters)
    {
        using (SqlConnection conn = new SqlConnection(ConnString))
        {
            conn.Open();
            SqlCommand cmd = new SqlCommand();
            cmd.Connection = conn;
            cmd.CommandText = commandText;
            cmd.Parameters.AddRange(commandParameters);
            SqlDataReader sdr = cmd.ExecuteReader();
            return sdr;
        }
    }
}
```

4）在web.config文件中配置数据库连接，代码如下：

```xml
<?xml version=" 1.0"  encoding=" utf-8" ?>
<configuration>
    <system.web>
      <compilation debug=" true"  targetFramework=" 4.5"  />
      <httpRuntime targetFramework=" 4.5"  />
    </system.web>
  <appSettings>
      <add key=" ConnString"  value=" Data Source=.; Initial Catalog=WebDB; User ID=sa; Password=sasa; Pooling=true" />
  </appSettings>
</configuration>
```

5）新建Web窗体Default.aspx,代码如下：

```xml
<?xml version=" 1.0"  encoding=" utf-8" ?>
```

```
<%@ Page Language="C#" AutoEventWireup="true" CodeBehind="Default.aspx.cs"
Inherits="Demo_6.Default" %>
<!DOCTYPE html>
<html xmlns="http://www.w3.org/1999/xhtml">
<head runat="server">
    <meta http-equiv="Content-Type" content="text/html; charset=utf-8" />
    <title></title>
    <style>
        .main {
            width: 800px;
            height: 432px;
            background: url(Images/bg_main_menu.png);
        }
        image {
            width: 100%;
            height: 100%;
        }
        #btnLogin {
            background: #F0A401;
            width: 150px;
            height: 40px;
        }
        #btnResiger {
            width: 150px;
            height: 40px;
        }
        .tdl {
            font-size: 15pt;
            font-family: 'Microsoft YaHei UI';
        }
        .txt {
            width: 300px;
            height: 40px;
            font-size: 15pt;
        }
    </style>
</head>
<body>
    <form id="form1" runat="server">
        <div class="main">
            <table align="center">
                <tr>
```

```
                    <td colspan=" 2"  style=" text-align: center"  class=" tdl" >监控登录</td>
                </tr>
                <tr>
                    <td class=" tdl" >用户名：</td>
                    <td>
                                <asp:TextBox ID=" txtUserName"  runat=" server"
CssClass=" txt" ></asp:TextBox></td>
                </tr>
                <tr>
                    <td class=" tdl" >密码：</td>
                    <td>
                                <input id=" txtpwd"  type=" password"  runat=" server"
class=" txt"  /></td>
                </tr>
                <tr>
                    <td colspan=" 2"  style=" text-align: center" >
                                <asp:Button ID=" btnLogin"  runat=" server"  Text=" 登
录"  OnClick=" btnLogin_Click"  CssClass=" tdl"  /> <asp:Button ID=" btnResiger"
runat=" server"  Text=" 注册"  OnClick=" btnResiger_Click"  CssClass=" tdl"  /></td>
                </tr>
            </table>
        </div>
    </form>
</body>
</html>
```

6）在“Default. aspx. cs”中添加实现登录功能的代码，具体如下：

```
namespace Demo_6
{
    public partial class Default : System.Web.UI.Page
    {
    // 登录
    protected void btnLogin_Click(object sender, EventArgs e)
      {
            if (string.IsNullOrWhiteSpace(txtUserName.Text))
            {
                Response.Write( "<script>alert('请输入用户名')</script>" );
                return;
            }
            if (string.IsNullOrWhiteSpace(txtpwd.Value))
            {
                Response.Write( "<script>alert('请输入密码')</script>" );
                return;
```

```
        }
        //SQL查询语句
        string sql = "select UserId from Users where UserName=@username and
UserPwd=@userpwd";
        //设置参数
        SqlParameter[] paras = new SqlParameter[]
            {
                //记录数据ID
                new SqlParameter("@username", SqlDbType.NVarChar,50),
                new SqlParameter("@userpwd", SqlDbType.NVarChar,50)
            };
        paras[0].Value = txtUserName.Text;
        paras[1].Value = txtpwd.Value;
        DataSet ds = SimpleSqlserverHelper.ExecuteDataset(sql, paras);
        if (ds != null && ds.Tables[0] != null && ds.Tables[0].Rows.Count > 0)
        {
            Response.Write("<script>alert('登录成功')</script>");
            Response.Redirect("ListShow.aspx");
        }
        else
        {
            Response.Write("<script>alert('登录失败')</script>");
        }
    }
    // 注册
    protected void btnResiger_Click(object sender, EventArgs e)
    {
        Response.Redirect("Resiger.aspx");
    }
    }
}
```

7）在Demo_6中，新建用户注册页面Register.aspx，代码如下：

```
<%@ Page Language="C#" AutoEventWireup="true" CodeBehind="Resiger.aspx.cs"
Inherits="Demo_6.Resiger" %>
<!DOCTYPE html>
<html xmlns="http://www.w3.org/1999/xhtml">
<head runat="server">
    <meta http-equiv="Content-Type" content="text/html; charset=utf-8" />
    <title></title>
    <style>
        .main {
            width: 800px;
```

```css
            height: 432px;
            background: url(Images/bg_main_menu.png);
        }

        image {
            width: 100%;
            height: 100%;
        }

        #btnRegister {
            background: #F0A401;
            width: 150px;
            height: 40px;
        }

        #btnResiger {
            width: 150px;
            height: 40px;
        }

        .tdl {
            font-size: 15pt;
            font-family: 'Microsoft YaHei UI';
        }

        .txt {
            width: 300px;
            height: 40px;
            font-size: 15pt;
        }
    </style>
</head>
<body>
    <form id="form1" runat="server">
        <div class="main">
            <table align="center">
                <tr>
                    <td colspan="2" style="text-align: center" class="tdl">监控注册</td>
                </tr>
                <tr>
                    <td class="tdl">用户名：</td>
                    <td>
                        <asp:TextBox ID="txtUserName" runat="server"
CssClass="txt"></asp:TextBox></td>
```

```
                    </tr>
                    <tr>
                        <td class=" tdl" >密码: </td>
                        <td>
                                <input id=" txtUserPwd" type=" password" runat=" server"
class=" txt" /></td>
                    </tr>
                    <tr>
                        <td colspan=" 2" style=" text-align: center" >
                            <asp:Button ID=" btnRegister" runat=" server" Text=" 注册"
OnClick=" btnRegister_Click" CssClass=" tdl" /></td>
                    </tr>
                </table>
            </div>
        </form>
    </body>
</html>
```

8）在Register. aspx. cs中添加如下代码，实现用户注册功能。

```
using System;
using System.Collections.Generic;
using System.Linq;
namespace Demo_6
{
    public partial class Resiger : System.Web.UI.Page
    {
     // 注册
        protected void btnRegister_Click(object sender, EventArgs e)
        {
            if (string.IsNullOrWhiteSpace(txtUserName.Text))
            {
                Response.Write( "<script>alert('请输入用户名')</script>" );
                return;
            }
            if (string.IsNullOrWhiteSpace(txtUserPwd.Value))
            {
                Response.Write( "<script>alert('请输入密码')</script>" );
                return;
            }
                int id = SimpleSqlserverHelper.ExecuteNonQuery( "Insert into Users
(UserName,UserPwd)Values('" + txtUserName.Text + "','" + txtUserPwd.Value + "')" );
            if (id > 0)
            {
                Response.Write( "<script>alert('注册成功')</script>" );
```

```
                    Response.Redirect("Default.aspx");
                }
                else
                {
                    Response.Write("<script>alert('注册失败')</script>");
                }
            }
        }
    }
```

【例6-2】在使用WPF开发的小区物业监控系统中，使用IIS发布"小区物业监控系统"。

操作步骤如下：

1）在解决方案资源管理器中，在网站"Demo_6"上单击鼠标右键，在弹出的快捷菜单中，选择"生成网站"命令，然后再执行"发布网站"命令，在"发布网站"对话框中选择发布网站的位置，如图6-27所示。

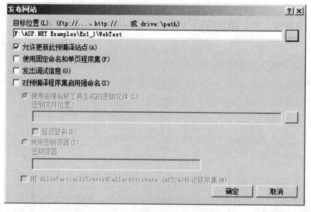

图6-27　选择发布网站的位置

2）在IIS的网站中选择发布Web网站的路径为本地路径，在浏览器中输入"http://locahost/Default.aspx"，即可访问创建的网站，如图6-28所示。

图6-28　访问所发布的网站

【例6-3】在使用WPF开发的小区物业监控系统中，实现其他功能，运行效果如图6-29所示。

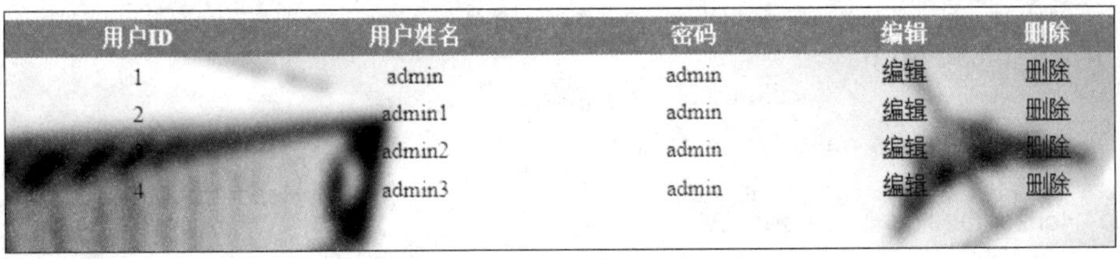

图6-29　其他功能的实现效果

操作步骤如下：

1）选中网站Demo_6，新建用户信息查询与维护页面ListShow.aspx，在该页面中添加一个GridView控件，页面代码如下：

```
<%@ Page Language="C#" AutoEventWireup="true" CodeBehind="ListShow.aspx.cs"
Inherits="Demo_6.ListShow" ViewStateMode="Enabled" %>
<!DOCTYPE html>
<html xmlns="http://www.w3.org/1999/xhtml">
<head runat="server">
    <meta http-equiv="Content-Type" content="text/html; charset=utf-8" />
    <title></title>
    <style>
        .main {
            width: 800px;
            height: 432px;
            background: url(Images/bg_main_menu.png);
        }
    </style>
</head>
<body>
    <form id="form1" runat="server">
        <div class="main">
            <asp:GridView ID="gvwUsers" runat="server" AutoGenerateColumns="False"
CellPadding="4"
                ForeColor="#333333" GridLines="None" OnRowCancelingEdit="gvwUsers_
RowCancelingEdit" OnRowUpdating="gvwUsers_RowUpdating" OnRowEditing="gvwUsers_
RowEditing" OnRowDeleting="gvwUsers_RowDeleting">
                <FooterStyle BackColor="#990000" Font-Bold="True" ForeColor="White" />
                <Columns>
                    <asp:BoundField DataField="UserId" HeaderText="用户ID" ReadOnly=
"True" HeaderStyle-Width="200px" ItemStyle-HorizontalAlign="Center" />
                    <asp:TemplateField HeaderText="用户姓名" HeaderStyle-Width="200px"
ItemStyle-HorizontalAlign="Center">
                        <ItemTemplate>
                            <%#Eval("UserName") %>
                        </ItemTemplate>
```

```
                    <EditItemTemplate>
                        <asp:TextBox ID="txtUserName" Text='<%# Eval("UserName")%>'
runat="server"></asp:TextBox>
                    </EditItemTemplate>
                </asp:TemplateField>
                <asp:TemplateField HeaderText="密码" HeaderStyle-Width="200px"
ItemStyle-HorizontalAlign="Center">
                    <ItemTemplate>
                        <%#Eval("UserPwd")%>
                    </ItemTemplate>
                    <EditItemTemplate>
                        <asp:TextBox ID="txtUserPwd" Text='<%# Eval("UserPwd")%>'
runat="server"></asp:TextBox>
                    </EditItemTemplate>
                </asp:TemplateField>
                <asp:CommandField HeaderText="编辑" ShowEditButton="True"
HeaderStyle-Width="100px" ItemStyle-HorizontalAlign="Center" />
                <asp:CommandField HeaderText="删除" ShowDeleteButton="True"
HeaderStyle-Width="100px" ItemStyle-HorizontalAlign="Center" />
            </Columns>
            <RowStyle ForeColor="#000066" />
            <SelectedRowStyle BackColor="#669999" Font-Bold="True" ForeColor="
White" />
            <PagerStyle BackColor="White" ForeColor="#000066" HorizontalAlign=
"Left" />
            <HeaderStyle BackColor="#006699" Font-Bold="True" ForeColor="White" />
        </asp:GridView>
    </div>
    </form>
</body>
</html>
```

2）在"ListShow.aspx.cs"中添加如下代码:

```
namespace Demo_6
{
    public partial class ListShow : System.Web.UI.Page
    {
        protected void Page_Load(object sender, EventArgs e)
        {
            if (!IsPostBack)
            {
                dataBinds();
            }
        }
```

```
        string sqlWhere = string.Empty;
        //绑定
        public void dataBinds()
        {
            string sql = "select * from Users";
            DataSet ds = SimpleSqlserverHelper.ExecuteDataset(sql);
            if (ds != null)
            {
                gvwUsers.DataSource = ds.Tables[0];
                gvwUsers.DataKeyNames = new string[] { "UserId" };//主键
                gvwUsers.DataBind();
            }
        }
    // 取消
    protected void gvwUsers_RowCancelingEdit(object sender, GridViewCancelEditEventArgs e)
        {
            gvwUsers.EditIndex = -1;
            dataBinds();
        }
    //删除
    protected void gvwUsers_RowDeleting(object sender, GridViewDeleteEventArgs e)
        {
            sqlWhere = "delete from Users where UserId='" + gvwUsers.DataKeys[e.RowIndex].Value.ToString() + "'";
            SimpleSqlserverHelper.ExecuteNonQuery(sqlWhere);
            dataBinds();
        }
    // 编辑
    protected void gvwUsers_RowEditing(object sender, GridViewEditEventArgs e)
        {
            gvwUsers.EditIndex = e.NewEditIndex;
            dataBinds();
        }
    // 更新
    protected void gvwUsers_RowUpdating(object sender, GridViewUpdateEventArgs e)
        {
        string userName = ((TextBox)(gvwUsers.Rows[e.RowIndex].FindControl("txtUserName"))).Text.ToString().Trim();
        string userPwd = ((TextBox)(gvwUsers.Rows[e.RowIndex].FindControl("txtUserPwd"))).Text.ToString().Trim();
            string id = gvwUsers.DataKeys[e.RowIndex].Value.ToString();
            sqlWhere = "update Users set UserName='"
```

```
              + userName + "' ,UserPwd='"
              + userPwd + "'  where UserId='"
            + id + "' ";
        SimpleSqlserverHelper.ExecuteNonQuery(sqlWhere);
        gvwUsers.EditIndex = -1;
        dataBinds();
      }
    }
}
```

通过上述方法可以实现监控系统数据库中的其他数据信息的查询及维护，读者可根据上述代码自行完成页面与代码的设计。

6.4　小结

本章主要介绍了网络编程。首先分析在整个小区物业监控系统中网络编程开发有什么样的应用？在哪些地方会出现这些应用？接下来，从Web应用开发和ASP.NET基础知识入手，介绍Web应用程序结构、ASP.NET运行环境、IIS的配置使用等，并应用Visual Studio 2012创建完成了一个ASP.NET的小区物业监控系统程序。

学习本章应把重点放在如何构建ASP.NET应用程序的过程上，并通过案例指导，最终实现与WPF开发的小区物业监控系统的集成。

6.5　习题

1．简答题

1）ASP.NET页面文件的后缀名是什么？

2）开发ASP.NET Web应用程序，必须具有的工具是哪些？

3）静态网页和动态网页的最大区别是什么？

2．操作题

1）创建一个Web应用程序，实现如图6-30所示的用户注册功能。

图6-30　用户注册功能

2）请把操作题1）中的程序文件发布并测试。

Chapter 7

第 7 章
网络编程

通过前面章节的学习，读者已经熟悉了整个"小区物业监控系统"中各模块的WPF界面开发和数据的显现方法，以及使用Web开发基本功能的技术。但是如果想让数据在网络内的不同设备终端之间传输，如消息的推送，则可以多服务器端到客户端，如果要实现这些功能，则必须使用网络编程。

本章主要是帮助读者熟悉与系统相关的网络编程技术，进而开发相应的功能模块。为了使读者能有形象的认识，这里选取的典型案例为"社区安防"模块的消息推送功能，"公共广播"等模块也可以使用这种技术。本章具体相关模块如图7-1阴影所示。

要完成这个实例，必须先学会应用网络编程技术开发程序，本章会对TCP和UDP、Socket技术、使用Socket技术实现网络通信、HTTP技术实现网络通信、Web Service技术开发、XML序列化和反序列化、JSON序列化和反序列化、ashx接口文件的开发与使用等重点网络编程技术做实例演示。同时，给出"社区安防"模块的消息推送功能的具体实现过程。第8章中用到的服务器和客户机之间的消息收发都要以这一章的知识点为基础。

学习本章应把重点放在Socket技术、HTTP技术、Web Service、JSON和ashx接口文件开发的基础应用上，进而理解在整个系统中如何集成开发。

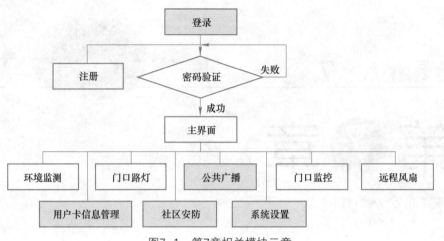

图7-1　第7章相关模块示意

↳ 本章重点

- 熟悉TCP和UDP。

- 熟悉Socket技术。

- 掌握使用Socket技术实现网络通信。

- 掌握使用HTTP技术实现网络通信。

- 掌握使用Web Service技术做开发。

- 掌握XML序列化和反序列化。

- 掌握JSON序列化和反序列化。

- 掌握ashx接口文件的开发与使用。

↳ 典型案例

在使用WPF开发的小区物业监控系统中，使用Socket技术实现安全报警信息的推送。

在使用WPF开发的小区物业监控系统中，使用Socket技术实现安全报警信息的推送，执行结果如图7-2所示。

图7-2　安全报警信息推送界面

在这个简单的综合案例中，会涉及网络编程等基础知识。下面就先来学习这些知识点，然后开始本案例的编程实现。

7.1　TCP和UDP

1. 面向连接的TCP

TCP（Transmission Control Protocol，传输控制协议）提供IP环境下的数据可靠传

输，它提供的服务包括数据流传送、可靠性、有效流控、全双工操作和多路复用。通过面向连接、端到端和可靠的数据包发送。

TCP是基于连接的协议，也就是说，在正式收发数据前，必须和对方建立可靠的连接。一个TCP连接必须要经过3次对话才能建立起来，其中的过程非常复杂，这里只做简单、形象的介绍，读者只要做到能够理解这个过程即可。

2．TCP三次握手过程

TCP三次握手过程具体如下：

1）主机A通过向主机B发送一个含有同步序列号的标志位的数据段给主机B，向主机B请求建立连接。

2）主机B收到主机A的请求后，用一个带有确认应答和同步序列号标志位的数据段响应主机A。

3）主机A收到这个数据段后，再发送一个确认应答，确认已收到主机B的数据段。

3．面向非连接的UDP

UDP（User Datagram Protocol，用户数据报协议）不为IP提供可靠性和差错恢复功能。"面向非连接"就是在正式通信前不必与对方先建立连接，不管对方状态就直接发送。

4．TCP和UDP的区别

一般来说，TCP对应的是可靠性要求高的应用，而UDP对应的则是可靠性要求低、传输经济的应用。TCP支持的应用层协议主要有Telnet、FTP、SMTP等；UDP支持的应用层协议主要有NFS（网络文件系统）、SNMP（简单网络管理协议）、DNS（域名系统）、TFTP（简单文件传输协议）等。

UDP是面向非连接的协议，没有建立连接的过程。正因为UDP没有连接的过程，所以它的通信效率较高；但它的可靠性不如TCP高。

7.2 Socket

Socket的英文原义是"孔"或"插座"，通常也称作"套接字"，用于描述IP地址和端口，是一个通信链的句柄，可以用来实现不同虚拟机或不同计算机之间的通信。在Internet上的主机一般运行了多个服务软件，同时提供几种服务，每种服务都打开一个Socket，并绑定到一个端口上，不同的端口对应于不同的服务。

1．Socket连接过程

应用程序通常通过"套接字"向网络发出请求或应答网络请求。在服务器端，Socket是建立网络连接时使用的。在连接成功时，应用程序两端都会产生一个Socket实例，操作这个实例，完成所需的会话。

根据连接启动的方式以及本地"套接字"要连接的目标，"套接字"之间的连接过程可以分为3个步骤：服务器监听，客户端请求，连接确认。

1）服务器监听：是服务器端"套接字"，并不定位具体的客户端"套接字"，而是处于等待连接的状态，实时监控网络状态。

2）客户端请求：指由客户端的"套接字"提出连接请求，要连接的目标是服务器端的"套接字"。为此，客户端的"套接字"必须先描述它要连接的服务器的"套接字"，指出服务器端"套接字"的地址和端口号，然后就向服务器端"套接字"提出连接请求。

3）连接确认：指当服务器端"套接字"监听到或者说接收到客户端"套接字"的连接请求时，它就响应客户端"套接字"的请求，建立一个新的线程，把服务器端"套接字"的描述发给客户端。一旦客户端确认了此描述，则连接就建立好了。而服务器端"套接字"继续处于监听状态，继续接收其他客户端"套接字"的连接请求。

2．Socket应用示例

【例7-1】局域网聊天室的实现，实现服务器端程序和客户端程序，执行结果如图7-3和图7-4所示。

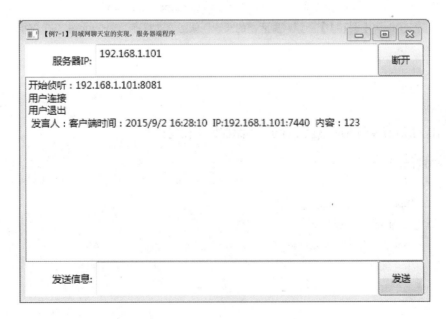

图7-3　服务器端程序

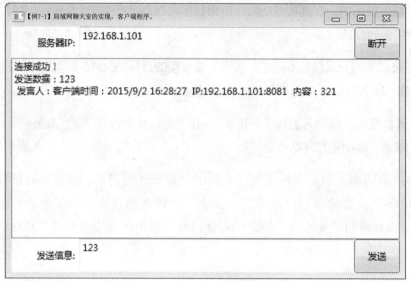

图7-4　客户端程序

操作步骤如下:

1)新建一个"Demo_7_Service" WPF应用程序项目。

2)在"MainWindow.xaml"中添加如下代码,完成界面制作,详细代码参考源文件。

```
<Window x:Class="Demo_7_Service.MainWindow"
        XMLns="http://schemas.microsoft.com/winfx/2006/xaml/presentation"
        XMLns:x="http://schemas.microsoft.com/winfx/2006/xaml"
        Title="【例7-1】局域网聊天室的实现,服务器端程序。" Height="350" Width="525">
    <Grid>
        ……
    </Grid>
</Window>
```

3)在"MainWindow.xaml.cs"中添加如下代码:

```
namespace Demo_7_Service
{
        TcpListener tcp;
        bool isClosing;
        private void btnConnect_Click(object sender, RoutedEventArgs e)
        {
            try
            {
                if (btnConnect.Content.ToString() == "连接")
```

```
            {
                //实例化终端结点，默认侦听端口8081
                IPEndPoint ipe = new IPEndPoint(IPAddress.Parse(txtService.Text), 8888);
                //实例化侦听TCP
                tcp = new TcpListener(ipe);
                //开启侦听
                tcp.Start();
                //绑定异步连接
                tcp.BeginAcceptSocket(new AsyncCallback(AcceptSocketCB), tcp);
                isClosing = false;
                ShowMsg("开始侦听：" + ipe.Address.ToString() + ":" + ipe.Port.ToString());
                btnConnect.Content = "断开";
            }
            else
            {
                //关闭侦听
                isClosing = true;
                tcp.Stop();
                ShowMsg("关闭侦听成功！");
                btnConnect.Content = "连接";
            }
        }
        catch (Exception ex)
        {
            MessageBox.Show(ex.Message, "错误", MessageBoxButton.OK,
MessageBoxImage.Error);
        }
    }
    //实例化用于接收数据的byte数组
    static byte[] buff = new byte[60000];
    private void AcceptSocketCB(IAsyncResult ar)
    {
        if (!isClosing)
        {
            //获取异步信息
            TcpListener tcp = (TcpListener)ar.AsyncState;
            //异步连接
            Soc = (Socket)tcp.EndAcceptSocket(ar);
            ShowMsg("用户连接");
            //绑定异步接收数据
            Soc.BeginReceive(buff, 0, buff.Length, SocketFlags.None, new AsyncCallback
(Receive), Soc);
```

```csharp
        //绑定异步连接
        tcp.BeginAcceptSocket(new AsyncCallback(AcceptSocketCB), tcp);
    }
}
//客户端套接字
Socket Soc = null;
private void Receive(IAsyncResult ar)
{
    if (!isClosing)
    {
        //保存客户端套接字
        Socket soc = (Socket)ar.AsyncState;
        int i = 0;
        try
        {
            //异步状态读取
            i = soc.EndReceive(ar);
            //Soc = null;
            ShowMsg("用户退出");
        }
        catch { }
        if (i == 0)
        {
            //Soc = null;
            ShowMsg("用户退出");
        }
        else
        {
            string readData_str = Encoding.Default.GetString(buff);
            ShowMsg(" 发言人：客户端" + "时间：" + DateTime.Now.ToString() +
" IP:" + soc.RemoteEndPoint.ToString() + " 内容：" + readData_str.Replace("\0", ""));
            //发送
            //string send_Str_ = "收到:" + readData_str;
            //byte[] buff_ = Encoding.Default.GetBytes(send_Str_);
            //soc.Send(buff_);
            //lstMsg.Items.Add("发送的数据：" + send_Str_);
            buff = new byte[60000];
            //绑定异步接收数据
            soc.BeginReceive(buff, 0, buff.Length, SocketFlags.None, new AsyncCallback
(Receive), soc);
        }
```

```
                }
            }
            private void btnSend_Click(object sender, RoutedEventArgs e)
            {
                if (Soc == null)
                {
                    MessageBox.Show("当前没有客户端连接！");
                    return;
                }
                byte[] buff_ = Encoding.Default.GetBytes(txtMsg.Text);
                //向客户端发送数据
                Soc.Send(buff_);
            }
            private void ShowMsg(string txt)
            {
                Dispatcher.Invoke(new Action(() =>
                {
                    lstMsg.Items.Add(txt);
                }));
            }
        }
```

4）新建一个"Demo_7_Client"WPF应用程序项目。

5）在"MainWindow.xaml"中添加如下代码，完成界面制作，详细代码参考源文件。

```
<Window x:Class="Demo_7_Client.MainWindow"
        XMLns="http://schemas.microsoft.com/winfx/2006/xaml/presentation"
        XMLns:x="http://schemas.microsoft.com/winfx/2006/xaml"
        Title="【例7-1】局域网聊天室的实现，客户端程序。" Height="350" Width="525">
    <Grid>
        ……
    </Grid>
</Window>
```

6）在"MainWindow.xaml.cs"中添加如下代码：

```
namespace Demo_7_Client
{
        //实例化套接字
        Socket soc = new Socket(AddressFamily.InterNetwork, SocketType.Stream, ProtocolType.
Tcp);
        //实例化用于接收数据的byte数组
        byte[] buff = new byte[60000];
        // "连接"按钮单击事件
```

```csharp
private void btnConnect_Click(object sender, RoutedEventArgs e)
{
    try
    {
        if (btnConnect.Content.ToString() == "连接")
        {
            //连接，默认端口8081
            soc.Connect(IPAddress.Parse(txtService.Text), 8081);
            //绑定数据接收
            soc.BeginReceive(buff, 0, buff.Length, SocketFlags.None, new AsyncCallback(ReceiveCB), soc);
            ShowMsg("连接成功！");
            btnConnect.Content = "断开";
        }
        else
        {
            //断开连接，此套接字可重复使用
            soc.Disconnect( true);
            ShowMsg("断开成功！");
            btnConnect.Content = "连接";
        }
    }
    catch (Exception ex)
    {
        MessageBox.Show(ex.Message, "错误", MessageBoxButton.OK, MessageBoxImage.Error);
    }
}
private void ReceiveCB(IAsyncResult ar)
{
    //获取异步信息
    Socket soc = (Socket)ar.AsyncState;
    //int i= soc.EndReceive(ar);
    Thread.Sleep(100);
    Dispatcher.Invoke(new Action(() =>
    {
        //将数据转为字符串
        string readData_str = Encoding.Default.GetString(buff);
        ShowMsg(" 发言人：客户端" + "时间：" + DateTime.Now.ToString() + " IP:" + soc.RemoteEndPoint.ToString() + " 内容：" + readData_str.Replace("\0", ""));//发言人；时间；IP；内容

    }));
```

```
                //清空接收数组
            buff = new byte[60000];
                //绑定数据接收
            try
            {
            soc.BeginReceive(buff, 0, buff.Length, SocketFlags.None, new AsyncCallback
(ReceiveCB), soc);
            }
            catch (Exception ex)
            {
                MessageBox.Show(ex.Message,"错误",MessageBoxButton.OK,MessageBoxImage.
Error);
                soc.Disconnect(true);
                ShowMsg("断开成功！");
                Dispatcher.Invoke(new Action(() => {
                    btnConnect.Content = "连接";
                }));
            }
        }
        private void btnSend_Click(object sender, RoutedEventArgs e)
        {
            string sendData_str = txtMsg.Text;
            ShowMsg("发送数据：" + sendData_str);
            byte[] sendbyte = Encoding.Default.GetBytes(sendData_str);
            //发送数据
            soc.Send(sendbyte);
        }
        private void ShowMsg(string txt)
        {
            Dispatcher.Invoke(new Action(() =>
            {
                lstMsg.Items.Add(txt);
            }));
        }
    }
```

7）启动项目进行测试，就可以看到图7-3和图7-4所示的界面。

【例7-2】在使用WPF开发的小区物业监控系统中，使用Socket技术实现安全报警信息推送，执行结果如图7-5和图7-6所示。

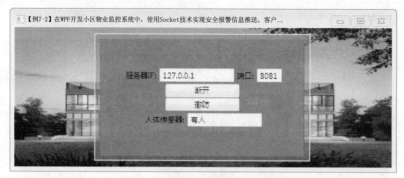

图7-5　使用Socket推送客户端界面

图7-6　使用Socket推送服务端界面

操作步骤如下：

1）新建一个"Demo_7_2_Service" WPF应用程序项目。

2）在"MainWindow. xaml"中添加如下代码，完成界面制作，详细代码参考源文件。

```
<Window x:Class="Demo_7_2_Service.MainWindow"
        XMLns="http://schemas.microsoft.com/winfx/2006/xaml/presentation"
        XMLns:x="http://schemas.microsoft.com/winfx/2006/xaml"
        Title="【例7-2】在WPF开发小区物业监控系统中，使用Socket技术实现安全报警信息推
送，服务器端程序。" Height="584.674" Width="712.739">
            <Grid    VerticalAlignment="Stretch"   HorizontalAlignment="Stretch" >
            ……
            </Grid>
</Window>
```

3）在"MainWindow. xaml. cs"中添加如下代码：

```
namespace Demo_7_2_Service
{
        TcpListener tcp;
        bool isClosing;
        private void btnConnect_Click(object sender, RoutedEventArgs e)
        {
            //try
            //{
                if (btnConnect.Content.ToString() == "连接")
                {
                    //确定实例化终端节点，默认侦听端口8081
                    IPEndPoint ipe = new IPEndPoint(IPAddress.Parse(txtIp.Text), Convert.ToInt32
(txtPort.Text));

                    //实例化侦听TCP
                    tcp = new TcpListener(ipe);
                    //开启侦听
                    tcp.Start();
                    //绑定异步连接
                    tcp.BeginAcceptSocket(new AsyncCallback(AcceptSocketCB), tcp);
                    isClosing = false;
                    btnConnect.Content = "断开";
                }
                else
                {
                    //关闭侦听
                    isClosing = true;
                    tcp.Stop();
                    btnConnect.Content = "连接";
                }
            //}
            //catch (Exception ex)
            //{
            //    MessageBox.Show(ex.Message, "错误", MessageBoxButton.OK, MessageBoxImage.
Error);
            //}
        }//实例化用于接收数据的byte数组
        static byte[] buff = new byte[60000];
        private void AcceptSocketCB(IAsyncResult ar)
        {
            if (!isClosing)
```

```
                {
                    //获取异步信息
                    TcpListener tcp = (TcpListener)ar.AsyncState;
                    //异步连接
                    Soc = (Socket)tcp.EndAcceptSocket(ar);
                    //绑定异步接收数据
                    Soc.BeginReceive(buff, 0, buff.Length, SocketFlags.None, new AsyncCallback
(Receive), Soc);
                    //绑定异步连接
                    tcp.BeginAcceptSocket(new AsyncCallback(AcceptSocketCB), tcp);
                }
            }
        //客户端套接字
        Socket Soc = null;
        private void Receive(IAsyncResult ar)
        {
            if (!isClosing)
            {
                //保存客户端套接字
                Socket soc = (Socket)ar.AsyncState;
                int i = 0;
                try
                {
                    //异步状态读取
                    i = soc.EndReceive(ar);
                    //Soc = null;
                }
                catch { }
                if (i != 0)
                {
                    string readData_str = Encoding.Default.GetString(buff).Replace("\0","");
                    //显示报警信息
                    Dispatcher.Invoke(new Action(() => {
                        lblState.Content = readData_str;
                    }));
                    buff = new byte[60000];
                    //绑定异步接收数据
                        soc.BeginReceive(buff, 0, buff.Length, SocketFlags.None, new
AsyncCallback(Receive), soc);
                }
            }
        }
```

```
        }
    }
```

4）新建一个"Demo_7_2_Client"WPF应用程序项目。

5）在"MainWindow. xaml"中添加如下代码，完成界面制作，详细代码参考源文件。

```
<Window x:Class="Demo_7_2_Client.MainWindow"
        XMLns="http://schemas.microsoft.com/winfx/2006/xaml/presentation"
        XMLns:x="http://schemas.microsoft.com/winfx/2006/xaml"
        Title="【例7-2】在WPF开发小区物业监控系统中，使用Socket技术实现安全报警信息推
送，客户端程序。" Height="352.682" Width="657.759" Loaded="Window_Loaded" Closing="Window_
Closing">
        <Grid>
            ......
            </Grid>
</Window>
```

6）在"MainWindow. xaml. cs"中添加如下代码：

```
namespace Demo_7_2_Client
{
    public partial class MainWindow : Window
    {
        //实例化套接字
        Socket soc = new Socket(AddressFamily.InterNetwork, SocketType.Stream, ProtocolType.
Tcp);
        //实例化用于接收数据的byte数组
        byte[] buff = new byte[60000];
        private void btnConnect_Click(object sender, RoutedEventArgs e)
        {
            try
            {
                if (btnConnect.Content.ToString() == "连接")
                {
                    //连接，默认端口8081
                    soc.Connect(IPAddress.Parse(txtIp.Text), Convert.ToInt32(txtPort.Text));
                    //绑定数据接收
                    //soc.BeginReceive(buff, 0, buff.Length, SocketFlags.None, new AsyncCallback
(ReceiveCB), soc);
                    MessageBox.Show("连接成功！");
                    btnConnect.Content = "断开";
                }
                else
                {
```

```
                //断开连接，此套接字可重复使用
                soc.Disconnect(true);
                MessageBox.Show("断开成功！");
                btnConnect.Content = "连接";
            }
        }
        catch (Exception ex)
        {
            MessageBox.Show(ex.Message, "错误", MessageBoxButton.OK, MessageBoxImage.
Error);
        }
    }
// "布防"和"撤防"按钮单击事件
    private void btnOrganizeDefence_Click(object sender, RoutedEventArgs e)
    {
        if (btnOrganizeDefence.Content.ToString()=="布防")
        {
            //开始数据采集线程
            thread.Start();
            btnOrganizeDefence.Content = "撤防";
        }
        else
        {
            //暂停数据采集线程
            thread.Stop();
            btnOrganizeDefence.Content = "布防";
        }
    }
    //数字量帮助类
    NewlandLibraryHelper.Adam4150 adam4150;
    //线程帮助类
    NewlandLibrary.ThreadHelp thread;
    private void Window_Loaded(object sender, RoutedEventArgs e)
    {
        //实例化数字量帮助类
        adam4150 = new NewlandLibraryHelper.Adam4150();
        //连接
        adam4150.Open("COM2",1,false);
        //实例化数据采集线程，传入线程执行的方法
        thread = new NewlandLibrary.ThreadHelp(new Action(ReadHumanBodySensor));
        txtHumanBodySensor.TextChanged += txtHumanBodySensor_TextChanged;
```

```
        }
// "人体传感器"文本框的文本改变事件
    void txtHumanBodySensor_TextChanged(object sender, TextChangedEventArgs e)
    {
        //文本改变时同步到服务端
        byte[] sendbyte = Encoding.Default.GetBytes(((TextBox)sender).Text);
        //发送数据
        soc.Send(sendbyte);
    }
// 人体传感器采集方法（循环采集）
    private void ReadHumanBodySensor()
    {
        //循环采集
        while (adam4150 != null)
        {
            //采集数据
            bool? Value = adam4150.getAdam4150_HumanBodyValue();
            //显示数据
            Dispatcher.Invoke(new Action(() =>
            {
                if (Value == false)
                {
                    txtHumanBodySensor.Text = "有人";
                }
                else if (Value == true)
                {
                    txtHumanBodySensor.Text = "无人";
                }
            }));
            //线程休眠
            System.Threading.Thread.Sleep(500);
        }
    }
    private void Window_Closing(object sender, System.ComponentModel.CancelEventArgs e)
    {
        //线程关闭
        thread.Close();
        thread = null;
        //数字量帮助类关闭
        adam4150.Close();
        adam4150 = null;
```

```
        }
    }
}
```

7）启动项目进行测试，就可以看到图7-5和图7-6所示的界面。

7.3 HTTP

HTTP（HyperText Transfer Protocol，超文本传输协议）是互联网上应用较为广泛的一种网络协议。所有的WWW文件都必须遵守这个标准。设计HTTP最初的目的是为了提供一种发布和接收HTML页面的方法。HTTP在网络协议中的位置如图7-7所示。

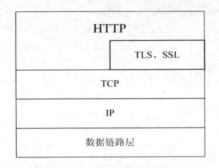

图7-7 HTTP在网络协议中的位置

1. HTTP的工作原理

一次HTTP操作称为一个事务，其工作过程可分为以下4步：

1）建立连接。客户机与服务器需要建立连接。

2）客户机请求。建立连接后，客户机发送一个请求给服务器，请求方式的格式为：统一资源标识符（URL）、协议版本号，后边是MIME信息，包括请求修饰符、客户机信息和可能的内容。

3）服务器响应。服务器接到请求后，给予相应的响应信息，其格式为一个状态行，包括信息的协议版本号、一个成功或错误的代码，后边是MIME信息，包括服务器信息、实体信息和可能的内容。

4）断开连接。客户端接收服务器所返回的信息，通过浏览器显示在用户的显示屏上，然后客户机与服务器断开连接。

如果在以上过程中的某一步出现错误，那么产生错误的信息将返回到客户端，由显示屏输出。对于用户来说，这些过程是由HTTP自己完成的。HTTP的工作原理如图7-8所示。

图7-8 HTTP的工作原理

在Internet上，HTTP通信通常发生在TCP/IP连接上。默认端口是TCP 80，但使用其他端口也是可以的。

2．HTTP应用举例

【例7-3】局域网信息传递，由客户端发送到服务器端，运行结果如图7-9和图7-10所示。

图7-9　HTTP客户端发送

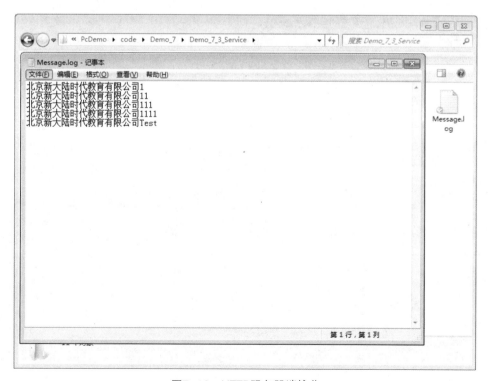

图7-10　HTTP服务器端接收

操作步骤如下:

1)新建一个"Demo_7_3_Service"应用程序项目。

2)新建一个名为Message.txt的文件,用来保存客户端已发送的消息。

3)新建一个ASP.NET Generic Handler文件index,并在"index.ashx.cs"中添加如下代码:

```
namespace Demo_7_3_Service
{
    public class index : IHttpHandler
    {
        public void ProcessRequest(HttpContext context)
        {
            //请求模型
            RequestModel req;
            //响应模型
            ResponseModel resp = new ResponseModel();
            //进行请求内容类型和传输方法校验
            if (context.Request.ContentType == "application/json" && context.Request.RequestType == "POST")
            {
                //获取请求的实体主体内容
                var stream = context.Request.InputStream;
                //读取主体内容 using.System.io
                using (System.IO.StreamReader sr = new System.IO.StreamReader(stream))
                {
                    //读取主体内容的所有数据
                    var data = sr.ReadToEnd();
                    //进行JSON转换,要使用Newtonsoft.Json.dll,请在程序中添加"using Newtonsoft.Json;"
                    req = JsonConvert.DeserializeObject<RequestModel>(data);
                    //请求名
                    resp.OP = req.OP;
                    //数据处理并且返回ResponseModel
                    Run(req, ref resp);
                }
            }
            else
            {
```

```
                resp.Context = null;
                resp.IsSuccess = false;
                resp.Message = "context.Request.ContentType==\"application/json\" &&context.
Request.RequestType==\"POST\"";
                resp.OP = null;
            }
            //将响应模型转换为JSON格式的字符串
            string respStr = JsonConvert.SerializeObject(resp);
            context.Response.ContentType = "application/json";
            context.Response.Write(respStr);
        }
        private void Run(RequestModel req, ref ResponseModel resp)
        {
            switch (req.OP)
            {
                case "Message":
                    Message(req, ref resp);
                    break;
                default:
                    {
                        resp.IsSuccess = false;
                        resp.Message = "OP错误";
                    }
                    break;
            }
        }
        private void Message(RequestModel req, ref ResponseModel resp)
        {
            try
            {
                string path = AppDomain.CurrentDomain.BaseDirectory + "Message.log";
                //将信息保存为.txt格式的文档
                System.IO.File.AppendAllText(path, DateTime.Now.ToString().PadRight(12, ' ')
+ "[用户信息]".PadRight(6, ' ') + req.Context["Message"] + "\r\n", System.Text.Encoding.UTF8);
                resp.IsSuccess = true;
            }
            catch (Exception ex)
            {
                resp.IsSuccess = false;
```

```
                    resp.Message = ex.Message;
                }
            }
            public bool IsReusable
            {
                get
                {
                    return false;
                }
            }
        }
        public class RequestModel
        {
            public string OP { get; set; }
            public Dictionary<string, string> Context { get; set; }
        }
        public class ResponseModel
        {
            public string OP { get; set; }
            public bool IsSuccess { get; set; }
            public string Message { get; set; }
            public Dictionary<string, string> Context { get; set; }
        }
}
```

4）新建一个"Demo_7_3_Client"WPF应用程序项目。

5）在"MainWindow.xaml"中添加如下代码，完成界面制作，详细代码参考源文件。

```xml
<Window x:Class="Demo_7_3_Client.MainWindow"
        xmlns="http://schemas.microsoft.com/winfx/2006/xaml/presentation"
        xmlns:x="http://schemas.microsoft.com/winfx/2006/xaml"
        Title="【例7-3】局域网信息传递，客户端。" Height="350" Width="525">
    <Grid>
        ……
    </Grid>
</Window>
```

6）在"MainWindow.xaml.cs"中添加如下代码：

```
namespace Demo_7_3_Client
{
```

```
private void btnSend_Click(object sender, RoutedEventArgs e)
    {
            string sendData_str = txtMsg.Text;
            ResponseModel resp = new ResponseModel();
            RequestModel req = new RequestModel();
            req.OP = "Message";
            req.Context.Add("Message", sendData_str);
            if (WebServiceHelper.RequestAshxWebService(req, ref resp, txtService.Text))
            {//通信成功
                if (!resp.IsSuccess)
                {//操作失败
                    //错误提示
                    MessageBox.Show(resp.Message.Split(' ')[0], "错误", MessageBoxButton.
OK, MessageBoxImage.Error);
                }
                else
                {//登录成功
                }
            }
            else
            {
                MessageBox.Show("请求服务器失败！");
            }
    }
```

7）新建一个"WebServiceHelper. cs"文件，添加如下代码：

```
namespace Demo_7_3_Client
{
    public class WebServiceHelper
    {
        public static bool RequestAshxWebService(RequestModel req, ref ResponseModel
resp, string Url)
        {
            string req_str_ = Newtonsoft.Json.JsonConvert.SerializeObject(req);//****
            System.NET.HttpWebRequest httpWebRequest = (System.NET.HttpWebRequest)
System.NET.HttpWebRequest.Create(Url);//****
            httpWebRequest.Method = "POST";//****
            httpWebRequest.ContentType = "application/json";//****
            byte[] Req_bytes_ = Encoding.UTF8.GetBytes(req_str_);// new ASCIIEncoding().
GetBytes(req_str_);//****
```

```
        httpWebRequest.ContentLength = Req_bytes_.Length;// req_str_.Length;//****
        System.IO.Stream req_st_;
        try
        {
            req_st_ = httpWebRequest.GetRequestStream();//****
        }
        catch (Exception er)
        {
            //MessageBox.Show("连接服务器失败！" + er.Message);
            return false;
        }
        req_st_.Write(Req_bytes_, 0, Req_bytes_.Length);
        System.Threading.Thread.Sleep(100);
        System.NET.HttpWebResponse httpWebResponse = (System.NET.HttpWebResponse)
httpWebRequest.GetResponse();
        System.IO.Stream resp_st_;
        try
        {
            resp_st_ = httpWebResponse.GetResponseStream();
        }
        catch (Exception er)
        {
            // MessageBox.Show("响应时连接服务器失败！" + er.Message);
            return false;
        }
        using (System.IO.StreamReader sr = new System.IO.StreamReader(resp_st_))
        {
            string resp_str_ = sr.ReadToEnd();
            resp = Newtonsoft.Json.JsonConvert.DeserializeObject<ResponseModel>(resp_
str_);
        }
        return true;
    }
}

public class RequestModel
{
    public RequestModel()
    {
        Context = new Dictionary<string, string>();
```

```
        }
        public string OP { get; set; }
        public Dictionary<string, string> Context { get; set; }
    }
    public   class ResponseModel
    {
        public ResponseModel()
        {
            Context = new Dictionary<string, string>();
        }
        public string OP { get; set; }
        public bool IsSuccess { get; set; }
        public string Message { get; set; }
        public Dictionary<string, string> Context { get; set; }
    }
}
```

8）启动项目进行测试，就可以看到图7-9和图7-10所示的界面。

【例7-4】在使用WPF开发的小区物业监控系统中，使用HTTP技术实现安全报警信息推送，运行效果如图7-11和图7-12所示。

图7-11　HTTP服务器

操作步骤如下：

1）新建一个"Demo_7_4_Service"应用程序项目。

2）新建一个ASP.NET Generic Handler文件index，并在"index.ashx.cs"中添加如下代码：

图7-12　HTTP客户机

```
namespace Demo_7_4_Service
{
    public void ProcessRequest(HttpContext context)
    {
        //请求模型
        RequestModel req;
        //响应模型
        ResponseModel resp = new ResponseModel();
        //进行请求内容类型和传输方法校验
        if (context.Request.ContentType == "application/json" && context.Request.
RequestType == "POST")
        {
            //获取请求的实体主体内容
            var stream = context.Request.InputStream;
            //读取主体内容 using.System.io
            using (System.IO.StreamReader sr = new System.IO.StreamReader(stream))
            {
                //读取主体内容的所有数据
                var data = sr.ReadToEnd();
                    //进行JSON转换，要使用Newtonsoft.Json.dll，请在程序中添加"using
Newtonsoft.Json;"
                req = JsonConvert.DeserializeObject<RequestModel>(data);
                //请求名
                resp.OP = req.OP;
                //数据处理并且返回ResponseModel
                Run(req, ref resp);
            }
```

```
            }
            else
            {
                resp.Context = null;
                resp.IsSuccess = false;
                resp.Message = "context.Request.ContentType==\"application/json\" &&context.
Request.RequestType==\"POST\"";
                resp.OP = null;
            }
            //将响应模型转换为JSON格式的字符串
            string respStr = JsonConvert.SerializeObject(resp);
            context.Response.ContentType = "application/json";
            context.Response.Write(respStr);
        }
        private void Run(RequestModel req, ref ResponseModel resp)
        {
            switch (req.OP)
            {
                case "Security":
                    Security(req, ref  resp);
                    break;
                default:
                    {
                        resp.IsSuccess = false;
                        resp.Message = "OP错误";
                    }
                    break;
            }
        }
        private void Security(RequestModel req, ref ResponseModel resp)
        {
            try
            {
                string path = AppDomain.CurrentDomain.BaseDirectory + "Security.log";
                //将信息保存为.txt格式的文档
                System.IO.File.AppendAllText(path, DateTime.Now.ToString().PadRight(12,' ') +"
[安防信息]".PadRight(6,' ')+ req.Context["Message"] + "\r\n", System.Text.Encoding.UTF8);
                resp.IsSuccess = true;
            }
            catch (Exception ex)
            {
```

```
                resp.IsSuccess = false;
                resp.Message = ex.Message;
            }
        }
        public bool IsReusable
        {
            get
            {
                return false;
            }
        }
    }
    public class RequestModel
    {
        public string OP { get; set; }
        public Dictionary<string, string> Context { get; set; }
    }
    public class ResponseModel
    {
        public string OP { get; set; }
        public bool IsSuccess { get; set; }
        public string Message { get; set; }
        public Dictionary<string, string> Context { get; set; }
    }
}
```

3）新建一个"Demo_7_4_Client"WPF应用程序项目。

4）在"MainWindow.xaml"中添加如下代码，完成界面制作，详细代码参考源文件。

```
<Window x:Class="Demo_7_4_Client.MainWindow"
        xmlns="http://schemas.microsoft.com/winfx/2006/xaml/presentation"
        xmlns:x="http://schemas.microsoft.com/winfx/2006/xaml"
        Title="【例7-4】在使用WPF开发的小区物业监控系统中，使用HTTP技术实现安全报警信息
推送客户端。" Height="350" Width="625" Loaded="Window_Loaded" Closing="Window_Closing">
    <Grid>
        ......
    </Grid>
</Window>
```

5）在"MainWindow.xaml.cs"中添加如下代码：

```
namespace Demo_7_4_Client
```

```csharp
{
    // "布防"和"撤防"按钮单击事件
    private void btnOrganizeDefence_Click(object sender, RoutedEventArgs e)
    {
        if (btnOrganizeDefence.Content.ToString() == "布防")
        {
            //开始数据采集线程
            thread.Start();
            btnOrganizeDefence.Content = "撤防";
        }
        else
        {
            //暂停数据采集线程
            thread.Stop();
            btnOrganizeDefence.Content = "布防";
        }
    }
    //数字量帮助类
    NewlandLibraryHelper.Adam4150 adam4150;
    //线程帮助类
    NewlandLibrary.ThreadHelp thread;
    private void Window_Loaded(object sender, RoutedEventArgs e)
    {
        //实例化数字量帮助类
        adam4150 = new NewlandLibraryHelper.Adam4150();
        //连接
        adam4150.Open("COM2", 1, false);
        //实例化数据采集线程，传入线程执行的方法
        thread = new NewlandLibrary.ThreadHelp(new Action(ReadHumanBodySensor));
        txtHumanBodySensor.TextChanged += txtHumanBodySensor_TextChanged;
    }
    // "人体传感器"文本框的文本改变事件
    void txtHumanBodySensor_TextChanged(object sender, TextChangedEventArgs e)
    {
        //===========发送数据到服务器端
        ResponseModel resp = new ResponseModel();
        RequestModel req = new RequestModel();
        req.OP = "Security";
        req.Context.Add("Message", txtHumanBodySensor.Text);
        if (WebServiceHelper.RequestAshxWebService(req, ref resp, txtService.Text))
        {//通信成功
```

```csharp
            if (!resp.IsSuccess)
            {//操作失败
                //错误提示
                MessageBox.Show(resp.Message.Split(' ')[0], "错误", MessageBoxButton.OK, MessageBoxImage.Error);
            }
            else
            {//登录成功
            }
        }
        else
        {
            MessageBox.Show("请求服务器失败！");
        }
    }
    // 人体传感器采集方法（循环采集）
    private void ReadHumanBodySensor()
    {
        //循环采集
        while (adam4150 != null)
        {
            //采集数据
            bool? Value = adam4150.getAdam4150_HumanBodyValue();
            //显示数据
            Dispatcher.Invoke(new Action(() =>
            {
                if (Value == false)
                {
                    txtHumanBodySensor.Text = "有人";
                }
                else if (Value == true)
                {
                    txtHumanBodySensor.Text = "无人";
                }
            }));
            //线程休眠
            //System.Threading.Thread.Sleep(500);
        }
    }
    private void Window_Closing(object sender, System.ComponentModel.CancelEventArgs e)
    {
```

```
//线程关闭
thread.Close();
thread = null;
//数字量帮助类关闭
adam4150.Close();
adam4150 = null;
        }
    }
}
```

6）新建一个"WebServiceHelper.cs"文件，添加如下代码：

```
namespace WebService
{
    public class WebServiceHelper
    {
        public static bool RequestAshxWebService(RequestModel req, ref ResponseModel resp, string Url)
        {
            string req_str_ = Newtonsoft.Json.JsonConvert.SerializeObject(req);//****
            System.NET.HttpWebRequest httpWebRequest = (System.NET.HttpWebRequest)System.NET.HttpWebRequest.Create(Url);//****
            httpWebRequest.Method = "POST";//****
            httpWebRequest.ContentType = "application/json";//****
            byte[] Req_bytes_ = Encoding.UTF8.GetBytes(req_str_);// new ASCIIEncoding().GetBytes(req_str_);//****
            httpWebRequest.ContentLength = Req_bytes_.Length;// req_str_.Length;//****
            System.IO.Stream req_st_;
            try
            {
                req_st_ = httpWebRequest.GetRequestStream();//****
            }
            catch (Exception er)
            {
                //MessageBox.Show("连接服务器失败！" + er.Message);
                return false;
            }
            req_st_.Write(Req_bytes_, 0, Req_bytes_.Length);
            System.Threading.Thread.Sleep(100);
            System.NET.HttpWebResponse httpWebResponse = (System.NET.HttpWebResponse)httpWebRequest.GetResponse();
```

```
            System.IO.Stream resp_st_;
            try
            {
                resp_st_ = httpWebResponse.GetResponseStream();
            }
            catch (Exception er)
            {
                // MessageBox.Show("响应时连接服务器失败！" + er.Message);
                return false;
            }
            using (System.IO.StreamReader sr = new System.IO.StreamReader(resp_st_))
            {
                string resp_str_ = sr.ReadToEnd();
                resp = Newtonsoft.Json.JsonConvert.DeserializeObject<ResponseModel>(resp_
str_);
            }
            return true;
        }
    }
    public class RequestModel
    {
        public RequestModel()
        {
            Context = new Dictionary<string, string>();
        }
        public string OP { get; set; }
        public Dictionary<string, string> Context { get; set; }
    }
    public class ResponseModel
    {
        public ResponseModel()
        {
            Context = new Dictionary<string, string>();
        }
        public string OP { get; set; }
        public bool IsSuccess { get; set; }
        public string Message { get; set; }
        public Dictionary<string, string> Context { get; set; }
    }
```

```
    }
```

7）启动项目进行测试，就可以看到图7-11和图7-12所示的界面。

7.4 Web Service

Web Service是一个平台独立的、低耦合的、自包含的、基于可编程的Web的应用程序，可使用开放的XML标准来描述、发布、发现、协调和配置这些应用程序，用于开发分布式的互操作的应用程序。

1. 什么是Web Service

从表面上看，Web Service就是一个应用程序，它向外界显示的是一个能够通过Web进行调用的API。这就是说，能够用编程的方法通过Web来调用这个应用程序。把调用这个Web Service的应用程序叫作客户。例如，创建一个Web Service，返回给客户当前的天气情况，那么就可以建立一个ASP页面，接受用户的查询并返回一个包含当前的气温和天气信息的字符串给客户。这个ASP页面就可以算作是Web Service了。

2. Web Service作用

Web Service技术，能使运行在不同机器上的不同应用无须借助第三方软件或硬件，就可相互交换数据或集成。依据Web Service规范实施的应用之间，无论它们所使用的语言、平台或内部协议是什么，都可以相互交换数据。

Web Service也很容易部署，因为它们基于一些常规的标准以及已有的一些技术，如XML、HTTP。所以，Web Service减少了应用接口的花费。

Web Service为整个企业，甚至多个组织之间的业务流程的集成提供了一个通用机制。

3. Web Service中用到的技术

Web Service是一种新的Web应用程序分支，其可以执行从简单的请求到复杂商务处理的任何功能。Web Service中用到的主要技术如下：

1）TCP/IP：通用网络协议，被各种设备使用。

2）HTML：通用用户界面，可以使用HTML标签显示数据。

3）.NET：不同应用程序间共享数据及数据交换。

4）Java：Java具有跨平台特性，是可在任何系统上运行的通用编程语言。

5）XML：通用数据表达语言，在Web上传送结构化数据比较方便。

4. 什么情况下使用Web Service

到底在什么情况下应该使用Web Service呢？当前的应用程序开发，人们开始偏爱基于浏览器的客户端应用程序。

传统的Windows客户应用程序使用DCOM来与服务器进行通信和调用远程对象。配置好DCOM，使其在一个大型的网络中正常工作是一个极富挑战性的工作。在局域网上运行一个DCOM容易，但开发难度大而且用户界面会受到很多限制。

关于客户端与服务器的通信问题，一个完美的解决方法是使用HTTP来通信。这是因为任何运行Web浏览器的计算机都在使用HTTP。同时，当前许多防火墙也配置为只允许HTTP连接。

许多商用程序还面临另一个问题，那就是与其他程序的互操作性。如果所有的应用程序都是使用COM或.NET语言写的，并且都运行在Windows平台上，那就没有什么大的问题。

所以说，只有通过Web Service，客户端和服务器才能够自由地使用HTTP进行通信，不论两个程序的平台和编程语言是什么。

5. Web Service平台

Web Service平台是一套标准，它定义了应用程序如何在Web上实现互操作性。编程人员可以用任何自己喜欢的语言，在任何喜欢的平台上写Web Service，只要可以通过Web Service标准对这些服务进行查询和访问。

Web Service平台需要一套协议来实现分布式应用程序的创建。Web Service平台必须提供一套标准的类型系统，用于沟通不同平台、编程语言和组件模型中的不同类型系统。下面介绍组成Web Service平台的几种技术。

（1）XML（Extensible Markup Language，可扩展标记语言）

Web Service平台使用XML来表示数据的基本格式。除了易于建立和分析外，XML主要的优点在于它既是与平台无关的，又是与厂商无关的。

（2）XSD（XML Schema Definition，XML Schema定义）

XSD定义了一套标准的数据类型，并给出了一种语言来扩展这套数据类型。Web Service平台就是用XSD来作为其数据类型系统的。当用某种语言来构造一个Web Service时，为了符合Web Service标准，所有使用的数据类型都必须被转换为XSD类型。

（3）SOAP（Simple Object Access Protocol，简单对象访问协议）

Web Service建好以后，就可以使用SOAP提供的、标准的RPC方法来调用Web Service。

（4）WSDL（Web Services Description Language，Web Service描述语言）

WSDL就是这样一个基于XML的语言，用于描述Web Service及其函数、参数和返回值。

（5）UDDI（Universal Description，Discovery and Integration，通用描述、发现与集成服务）

UDDI是一种目录服务，企业可以使用它对Web Service进行注册和搜索。

6．Web Service开发实例

【例7-5】在使用WPF开发的小区物业监控系统中，开发Web Service，实现数据查询功能，其运行结果如图7-13所示。

图7-13　Web Service实现数据查询功能

操作步骤如下：

1）新建一个"Demo_7_5_Service"应用程序项目。

2）新建一个ADO.NET Entity Data Model Designer文件"Model1.edmx"，以访问用户数据库。

3）新建一个ASP.NET Generic Handler文件index，并在"index.ashx.cs"中添加如下代码：

```
namespace Demo_7_5_Service
{
 public void ProcessRequest(HttpContext context)
    {
        //请求模型
        RequestModel req;
        //响应模型
        ResponseModel resp = new ResponseModel();
        //进行请求内容类型和传输方法校验
        if (context.Request.ContentType == "application/json" && context.Request.RequestType
```

```
== "POST")
                {
                        //获取请求的实体主体内容
                        var stream = context.Request.InputStream;
                        //读取主体内容 using.System.io
                        using (System.IO.StreamReader sr = new System.IO.StreamReader(stream))
                        {
                                //读取主体内容的所有数据
                                var data = sr.ReadToEnd();
                                    //进行JSON转换，要使用Newtonsoft.Json.dll，请在程序中添加 "using
Newtonsoft.Json;"
                                req = JsonConvert.DeserializeObject<RequestModel>(data);
                                //请求名
                                resp.OP = req.OP;
                                //数据处理并且返回ResponseModel
                                Run(req, ref resp);
                        }
                }
                else
                {
                    resp.Context = null;
                    resp.IsSuccess = false;
                    resp.Message = "context.Request.ContentType==\"application/json\" &&context.
Request.RequestType==\"POST\"";
                    resp.OP = null;
                }
                //将响应模型转换为JSON格式的字符串
                string respStr = JsonConvert.SerializeObject(resp);
                context.Response.ContentType = "application/json";
                context.Response.Write(respStr);
        }
        private void Run(RequestModel req, ref ResponseModel resp)
        {
            switch (req.OP)
            {
                case "selectUserInfo":
                    selectUserInfo(req, ref   resp);
                    break;
                default:
                    {
                        resp.IsSuccess = false;
```

```
                    resp.Message = "OP错误";
                }
                break;
        }
    }
    // <summary>
    // 查询用户信息
    // </summary>
    // <param name="req"></param>
    // <param name="resp"></param>
    private void selectUserInfo(RequestModel req, ref ResponseModel resp)
    {
        try
        {
            using (MonitorDBEntities db=new MonitorDBEntities())
            {
                var obj = (from x in db.Users select x).ToArray();
                if (obj!=null)
                {
                    resp.Context = new Dictionary<string, string>();
                    resp.Context.Add("Count", obj.Count().ToString());
                    for (int i = 0; i < obj.Count(); i++)
                    {
                        resp.Context.Add("ID_" + i.ToString(), obj[i].UserId.ToString());
                        resp.Context.Add("UserName_" + i.ToString(), obj[i].UserName);
                        resp.Context.Add("UserPwd_" + i.ToString(), obj[i].UserPwd);
                    }
                }
            }
            resp.IsSuccess = true;
        }
        catch (Exception ex)
        {
            resp.IsSuccess = false;
            resp.Message = ex.Message;
        }
    }
    public bool IsReusable
    {
        get
        {
```

```
                return false;
            }
        }
    public class RequestModel
    {
        public string OP { get; set; }
        public Dictionary<string, string> Context { get; set; }
    }
    public class ResponseModel
    {
        public string OP { get; set; }
        public bool IsSuccess { get; set; }
        public string Message { get; set; }
        public Dictionary<string, string> Context { get; set; }
    }
}
```

4）新建一个"Demo_7_5_Client"WPF应用程序项目。

5）在"MainWindow.xaml"中添加如下代码，完成界面制作，详细代码参考源文件。

```
<Window x:Class="Demo_7_5_Client.MainWindow"
        xmlns="http://schemas.microsoft.com/winfx/2006/xaml/presentation"
        xmlns:x="http://schemas.microsoft.com/winfx/2006/xaml"
        Title="【例7-5】开发Web Service，实现数据查询功能。" Height="350" Width="625"
Loaded ="Window_Loaded">
    <Grid>
        ……
    </Grid>
</Window>
```

6）在"MainWindow.xaml.cs"中添加如下代码：

```
namespace Demo_7_5_Client
{
    string ServiceUrl { get { return System.Configuration.ConfigurationSettings.AppSettings
["ServiceUrl"]; } }
        private void Window_Loaded(object sender, RoutedEventArgs e)
        {
            //============发送数据到服务器端
            ResponseModel resp = new ResponseModel();
            RequestModel req = new RequestModel();
            req.OP = "selectUserInfo";
            if (WebServiceHelper.RequestAshxWebService(req, ref resp, ServiceUrl))
```

```
        {//通信成功
            if (!resp.IsSuccess)
            {//操作失败
                //错误提示
                MessageBox.Show(resp.Message.Split(' ')[0], "错误", MessageBoxButton.
OK, MessageBoxImage.Error);
            }
            else
            {
                List<UserInfo> list=new List<UserInfo>();
                int count=Convert.ToInt32(resp.Context["Count"]);
                for (int i = 0; i < count; i++)
                    {
                    list.Add(new UserInfo()
                    {
                        id = Convert.ToInt32(resp.Context["ID_" + i]),
                                    UserName = resp.Context["UserName_" + i],
                                    UserPwd = resp.Context["UserPwd_" + i]
                    });
                    }
                dgrdUserR.ItemsSource=list;
            }
        }
        else
        {
            MessageBox.Show("请求服务器失败！");
        }
    }
}
public class UserInfo
{
    public int id { get; set; }
    public string UserName { get; set; }
    public string UserPwd { get; set; }
}
}
```

7）新建一个"WebServiceHelper.cs"文件，添加如下代码：

```
namespace WebService
{
    public class WebServiceHelper
    {
```

```csharp
        public static bool RequestAshxWebService(RequestModel req, ref ResponseModel resp,
string Url)
        {
            string req_str_ = Newtonsoft.Json.JsonConvert.SerializeObject(req);//****
            System.NET.HttpWebRequest httpWebRequest = (System.NET.HttpWebRequest)
System.NET.HttpWebRequest.Create(Url);//****

            httpWebRequest.Method = "POST";//****
            httpWebRequest.ContentType = "application/json";//****
            byte[] Req_bytes_ = Encoding.UTF8.GetBytes(req_str_);// new ASCIIEncoding().
GetBytes(req_str_);//****

            httpWebRequest.ContentLength = Req_bytes_.Length;// req_str_.Length;//****
            System.IO.Stream req_st_;
            try
            {
                req_st_ = httpWebRequest.GetRequestStream();//****
            }
            catch (Exception er)
            {
                //MessageBox.Show("连接服务器失败！" + er.Message);
                return false;
            }
            req_st_.Write(Req_bytes_, 0, Req_bytes_.Length);
            System.Threading.Thread.Sleep(100);
            System.NET.HttpWebResponse httpWebResponse = (System.NET.HttpWebResponse)
httpWebRequest.GetResponse();
            System.IO.Stream resp_st_;
            try
            {
                resp_st_ = httpWebResponse.GetResponseStream();
            }
            catch (Exception er)
            {
                // MessageBox.Show("响应时连接服务器失败！" + er.Message);
                return false;
            }
            using (System.IO.StreamReader sr = new System.IO.StreamReader(resp_st_))
            {
                string resp_str_ = sr.ReadToEnd();
                resp = Newtonsoft.Json.JsonConvert.DeserializeObject<ResponseModel>(resp_
str_);
            }
```

```
            return true;
        }
    }
    public   class RequestModel
    {
        public RequestModel()
        {
            Context = new Dictionary<string, string>();
        }
        public string OP { get; set; }
        public Dictionary<string, string> Context { get; set; }
    }
    public   class ResponseModel
    {
        public ResponseModel()
        {
            Context = new Dictionary<string, string>();
        }
        public string OP { get; set; }
        public bool IsSuccess { get; set; }
        public string Message { get; set; }
        public Dictionary<string, string> Context { get; set; }
    }
}
```

8）启动项目进行测试，就可以看到图7-13所示的界面。

【例7-6】在使用WPF开发的小区物业监控系统中，不使用Web Service实现用户数据查询，其运行结果如图7-14所示。

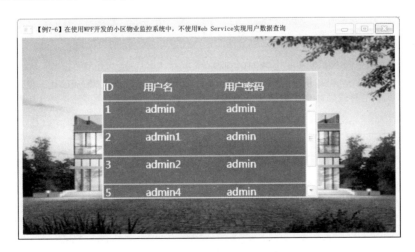

图7-14　不使用Web Service实现用户数据查询功能

操作步骤如下：

1）新建一个"Demo_7_6_Service"应用程序项目。

2）新建一个ADO.NET Entity Data Model Designer文件"Model1.edmx"，以访问用户数据库。

3）新建一个ASP.NET Generic Handler文件index，并在"index.ashx.cs"中添加如下代码：

```
namespace Demo_7_6_Service
{
    public class index : IHttpHandler
    {
        public void ProcessRequest(HttpContext context)
        {
            context.Response.ContentType = "application/json";
            //context.Response.Write("Hello World");
            ResponseModel res = new ResponseModel();//响应
            if (context.Request.RequestType != "POST" || context.Request.ContentType != "application/json")
            {//请求失败
                res.IsSuccess = "false";
                res.Message = "传入数据模式有误或非法请求";
                context.Response.Write(JsonConvert.SerializeObject(res));
                return;
            }
            //请求成功，开始数据处理
            var stream = context.Request.InputStream;
            using (StreamReader sr = new StreamReader(stream))
            {
                //读取post的数据
                var data = sr.ReadToEnd();//读取
                data = System.Web.HttpUtility.UrlDecode(data);//解码URL，使用指定的解码对象将 URL 编码的字节数组转换为已解码的字符串
                try
                {
                    //解析数据
                    RequestModel req = JsonConvert.DeserializeObject<RequestModel>(data);

                    //设置当前执行的方法名，如果报错则可以知道是哪个方法报错
                    res.Op = req.Op;
                    res = HandleRequset(req, ref res);//数据处理
```

```
        }
        catch (Exception er)
        {
            res.IsSuccess = "false";
            res.Message = er.Message;
        }
    }
    context.Response.Write(JsonConvert.SerializeObject(res));
}
// 处理接收到的请求
private ResponseModel HandleRequset(RequestModel req, ref ResponseModel res)
{
    switch (req.Op.ToLower())
    {
        case "selectuserinfo": res = selectUserInfo(req, ref res);
            break;
        default:
            {
                res.IsSuccess = "false";
                res.Message = "不存在该方法！请检查调用页面或者方法是否有误。";
            }
            break;
    }
    return res;
}
private ResponseModel selectUserInfo(RequestModel req, ref ResponseModel res)
{
    using (MonitorDBEntities db = new MonitorDBEntities())
    {
        var obj = (from x in db.Users select x).ToArray();
        if (obj != null)
        {
            res.Context = new Dictionary<string, object>();
            res.Context.Add("Count", obj.Count().ToString());
            for (int i = 0; i < obj.Count(); i++)
            {
                res.Context.Add("ID_" + i.ToString(), obj[i].UserId.ToString());
                res.Context.Add("UserName_" + i.ToString(), obj[i].UserName);
                res.Context.Add("UserPwd_" + i.ToString(), obj[i].UserPwd);
            }
            res.IsSuccess = "true";
```

```
                }
                else
                {
                    res.IsSuccess = "false";
                    res.Message = "获取账号密码失败";
                }
            }
            return res;
        }
        public bool IsReusable
        {
            get
            {
                return false;
            }
        }
    }
}
```

4）新建一个"Demo_7_6_Client"WPF应用程序项目。

5）在"MainWindow.xaml"中添加如下代码，完成界面制作，详细代码参考源文件。

```xml
<Window x:Class="Demo_7_5_Client.MainWindow"
    <Window x:Class="Demo_7_6_Client.MainWindow"
        xmlns="http://schemas.microsoft.com/winfx/2006/xaml/presentation"
        xmlns:x="http://schemas.microsoft.com/winfx/2006/xaml"
        Title="【例7-6】在使用WPF开发的小区物业监控系统中，不使用Web Service实现用户数据查询" Height="350" Width="625" Loaded="Window_Loaded">
    <Grid>
        ......
    </Grid>
</Window>
```

6）在"MainWindow.xaml.cs"中添加如下代码：

```csharp
namespace Demo_7_6_Client
{
    private void Window_Loaded(object sender, RoutedEventArgs e)
    {
        //请求
        RequestModel req = new RequestModel();
        //设置方法名
        req.Op = "selectUserInfo";
```

```
//生成JSON数据
string data = JsonConvert.SerializeObject(req);
///HttpHelper请求
HttpHelper httpHelper = new HttpHelper();
//ApplicationSettings=====?
ResultEntity retData = httpHelper.Post(data, ApplicationSettings.Get("ServiceUrl"));
//错误处理
if (retData.Status == Result.Failure)
{
    MessageBox.Show("服务器端出现错误了:" + retData.ResultMessage);
    return;
}
//处理服务器响应数据
ResponseModel res = JsonConvert.DeserializeObject<ResponseModel>(retData.ResultMessage);
if (res.IsSuccess.ToLower().Equals("true"))
{
    List<UserInfo> list = new List<UserInfo>();
    int count = Convert.ToInt32(res.Context["Count"]);
    for (int i = 0; i < count; i++)
    {
        list.Add(new UserInfo()
        {
            id = Convert.ToInt32(res.Context["ID_" + i]),
            UserName = res.Context["UserName_" + i].ToString(),
            UserPwd = res.Context["UserPwd_" + i].ToString()
        });
    }
    dgrdUserR.ItemsSource = list;
}
else
{
    MessageBox.Show("登录失败:" + res.Message);
}
    }
}
public class UserInfo
{
    public int id { get; set; }
```

```
        public string UserName { get; set; }
        public string UserPwd { get; set; }
    }
}
```

7）启动项目进行测试，就可以看到图7-14所示的界面。

7.5　XML序列化和反序列化

1．XML

XML（eXtensible Markup Language，可扩展标记语言）是标准通用标记语言的子集，是一种用于标记电子文件使其具有结构性的标记语言。

1998年2月，W3C正式批准了可扩展标记语言的标准定义，可扩展标记语言可以对文档和数据进行结构化处理，从而能够在部门、客户和供应商之间进行交换，实现动态内容生成、企业集成和应用开发。可扩展标记语言使人们能够更准确地搜索，更方便地传送软件组件，更好地描述一些事物，如电子商务交易等。

- 可扩展标记语言是一种很像超文本标记语言的标记语言。

- 它的设计宗旨是传输数据，而不是显示数据。

- 它的标签没有被预定义，用户需要自行定义标签。

- 它被设计为具有自我描述性。

- 它是W3C的推荐标准。

2．XML与HTML的区别与联系

1）其实HTML与XML之间没有非常必然的联系，XML不是要替换HTML，实际上XML可以视作对HTML的补充。

2）HTML的设计目标是显示数据并集中于数据外观，而XML的设计目标是描述数据并集中于数据的内容。

3）XML标记由架构或文档的作者定义，并且是无限制的。HTML标记则是预定义的；HTML作者只能使用当前HTML标准所支持的标记。

4）HTML的标记不是所有的都需要成对出现，XML标记则要求所有的标记必须成对出现。

5）HTML标记不区分大小写，XML标记则大小敏感，即区分大小写。

3．XML格式特性

在XML中，采用了如下语法：

1）任何的起始标签都必须有一个结束标签。

2）可以采用另一种简化语法，可以在一个标签中同时表示起始和结束标签。这种语法是在大于符号之前紧跟一个斜线（/），如<HEAD/>。XML解析器会将其翻译成<HEAD></HEAD>。

3）标签必须按合适的顺序进行嵌套，这好比是将起始和结束标签看作数学中的左右括号，在没有关闭所有的内部括号之前，是不能关闭外面的括号的。

4）所有的特性都必须有值。

5）所有的特性都必须在值的周围加上双引号。

4．XML的应用

XML能够更精确地声明内容，方便跨越多种平台。它提供了一种描述结构数据的格式，简化了网络中的数据交换和表示，使得代码、数据和表示分离，并作为数据交换的标准格式，因此它常被称为智能数据文档。

（1）兼容现有协议

XML文档格式的管理信息可以很容易地通过HTTP传输，由于HTTP是建立在TCP之上的，因此管理数据能够可靠传输。XML还支持访问XML文档的标准API，如DOM，SAX、XSLT和XPath等。

（2）统一地管理数据存取格式

XML能够以灵活有效的方式定义管理信息的结构。以XML格式存储的数据不仅有良好的内在结构，而且由于它是W3C提出的国际标准，因此受到广大软件提供商的支持，易于进行数据交流和开发。

（3）不同应用系统间数据的共享和交互

只要定义一套描述各项管理数据和管理功能的XML语言，用Schema对这套语言进行规定，并且共享这些数据的系统的XML文档遵从这些Schema，那么管理数据和管理功能就可以在多个应用系统之间共享和交互。

（4）底层传输的数据更具可读性

网络中传输的底层数据因协议不同而编码规则不同，虽然最终传输时都是二进制位流，但是不同的应用协议需要提供不同的转换机制。这种情况导致管理站在对采用不同协议发送管理信息的被管对象之间进行管理时很难实现兼容。如果协议在数据表示时都采用XML格式进行描述，则网络之间传递的都是简单的字符流，可以通过相同的XML解析器进行解析，然后根据不同的XML标记，对数据的不同部分进行区分处理，使底层数据更具可读性。

5. XML的构成

XML由3个部分构成，它们分别是：文档类型定义（Document Type Definition，DTD），即XML的布局语言；可扩展的样式语言（eXtensible Style Language，XSL），即XML的样式表语言；可扩展链接语言（eXtensible Link Language，XLL）。

（1）DTD

DTD规定了文档的逻辑结构。它可定义文档的语法，而文档的语法反过来也能够让XML语法分析程序确认页面标记使用的合法性。DTD定义了页面的元素、元素的属性及元素和属性间的关系。元素与元素间用起始标记和结束标记来定界，对于空元素，用一个空元素标记来分隔。每一个元素都有一个用名字标识的类型，也称为它的通用标识符，并且它还可以有一个属性说明集。每个属性说明都有一个名字和一个值。

（2）XSL

XSL是用来规定XML文档样式的语言。XSL能使Web浏览器改变原有文档的表示法，如改变数据的显示顺序，不必再与服务器进行交互通信。通过样式表的变换，同一文档可以显示得更大，或经过折叠只显示外面的一层，或变为打印格式。

（3）XLL

XLL支持Web上已有的简单链接，而且将进一步扩展链接，包括终结死链接的间接链接，以及可从服务器中只查询某个元素的相关部分链接等。

6. 构建XML

XML文档的第一行可以是一个XML声明。这是文件的可选部分，它将文件识别为XML文件，有助于工具和人类识别XML（不会误认为是SGML或其他标记）。可以将这个声明简单地写成<?xml?>，或包含XML版本（<?xml version="1.0"?>），甚至包含字符编码，如针对Unicode的<?xml version="1.0" encoding="utf-8"?>。因为这个声明必须出现在文件的开头，所以如果打算将多个小的XML文件合并为一个大XML文件，则可以忽略这个可选信息。

（1）创建根元素

根元素的开始和结束标记用于包围XML文档的内容。一个文件只能有一个根元素，并且需要使用"包装器"包含它。例如：

```
<?xml version="1.0" encoding="UTF-8"?>
<recipe>
</recipe>
```

在构建文档时，内容和其他标记必须放在<recipe>和</recipe>之间。

（2）命名元素

创建XML时，要确保开始和结束标记的大小写是一致的。如果大小写不一致，则在使用或查看XML时将出现错误。例如，如果大小写不一致，则Internet Explorer将不能显示文件的内容，但它会显示开始和结束标记不一致的消息。

到目前为止，都使用<recipe>作为根元素。在XML中，先要为元素选择名称，然后再根据这些名称定义相应的DTD或Schema。创建名称时可以使用英文字母、数字和特殊字符，如下画线（_）。下面给出命名时需要注意的地方：

1）元素名中不能出现空格。

2）名称只能以英文字母开始，不能是数字或符号（在第一个字母之后就可以使用字母、数字或规定的符号，或它们的混合）。

3）对大小写没有限制，但前后要保持一致，以免造成混乱。

（3）嵌套元素

嵌套即把某个元素放到其他元素的内部。这些新的元素称为子元素，包含它们的元素称为父元素。<recipe>根元素中嵌套了几个其他元素，这些嵌套的子元素包括<recipename>、<ingredlist>和<preptime>。<ingredlist>元素内部包含多个子元素<listitem>。XML文档可以使用多层嵌套。

（4）添加属性

有时候要为元素添加属性。属性由一个"名称-值对"构成，值包含在双引号（"）中，如type="dessert"。属性是在使用元素时存储额外信息的一种方式。在同一个文档中，可以根据需要对每个元素的不同实例采用不同的属性值。

完整的XML文件如下所示：

```
<?xml version="1.0" encoding="UTF-8"?>
```

```
<recipe type="dessert">
<recipename cuisine="american" servings="1">Ice Cream Sundae</recipename>
<ingredlist>
<listitem><quantity units="cups">0.5</quantity>
<itemdescription>vanilla ice cream</itemdescription></listitem>
<listitem><quantity units="tablespoons">3</quantity>
<itemdescription>chocolate syrup or chocolate fudge</itemdescription></listitem>
<listitem><quantity units="tablespoons">1</quantity>
<itemdescription>nuts</itemdescription></listitem>
<listitem><quantity units="each">1</quantity>
<itemdescription>cherry</itemdescription></listitem>
</ingredlist>
<utensils>
<listitem><quantity units="each">1</quantity>
<utensilname>bowl</utensilname></listitem>
<listitem><quantity units="each">1</quantity>
<utensilname>spoons</utensilname></listitem>
<listitem><quantity units="each">1</quantity>
<utensilname>ice cream scoop</utensilname></listitem>
</utensils>
<directions>
<step>Using ice cream scoop, place vanilla ice cream into bowl.</step>
<step>Drizzle chocolate syrup or chocolate fudge over the ice cream.</step>
<step>Sprinkle nuts over the mound of chocolate and ice cream.</step>
<step>Place cherry on top of mound with stem pointing upward.</step>
<step>Serve.</step>
</directions>
<variations>
<option>Replace nuts with raisins.</option>
<option>Use chocolate ice cream instead of vanilla ice cream.</option>
</variations>
<preptime>5 minutes</preptime>
</recipe>
```

（5）查看XML

Internet Explorer清晰地显示了所有元素。内容包含在开始和结束标记之间。父元素旁边有小加号（＋）和小减号（－），它们允许用户展开或收缩嵌套在内部的所有元素，如图7-15所示。

```xml
<?xml version="1.0" encoding="UTF-8" ?>
- <recipe type="dessert">
    <recipename cuisine="american" servings="1">Ice Cream Sundae</recipename>
  - <ingredlist>
    - <listitem>
        <quantity units="cups">0.5</quantity>
        <itemdescription>vanilla ice cream</itemdescription>
      </listitem>
    + <listitem>
    + <listitem>
    + <listitem>
    </ingredlist>
  - <utensils>
    - <listitem>
        <quantity units="each">1</quantity>
        <utensilname>bowl</utensilname>
      </listitem>
    + <listitem>
    + <listitem>
    </utensils>
  - <directions>
      <step>Using ice cream scoop, place vanilla ice cream into bowl.</step>
      <step>Drizzle chocolate syrup or chocolate fudge over the ice cream.</step>
      <step>Sprinkle nuts over the mound of chocolate and ice cream.</step>
      <step>Place cherry on top of mound with stem pointing upward.</step>
      <step>Serve.</step>
    </directions>
  - <variations>
      <option>Replace nuts with raisins.</option>
      <option>Use chocolate ice cream instead of vanilla ice cream.</option>
    </variations>
    <preptime>5 minutes</preptime>
  </recipe>
```

图7-15　查看XML示例

7．XML应用举例

【例7-7】在使用WPF开发的小区物业监控系统中，安全报警信息推送时，将位置、时间、信息3个文本框，用XML序列化并显示在一个大文本框中，其运行结果如图7-16和图7-17所示。

位置：		XML数据：
时间：	反序列化=>	
信息：		

图7-16　XML序列化初始

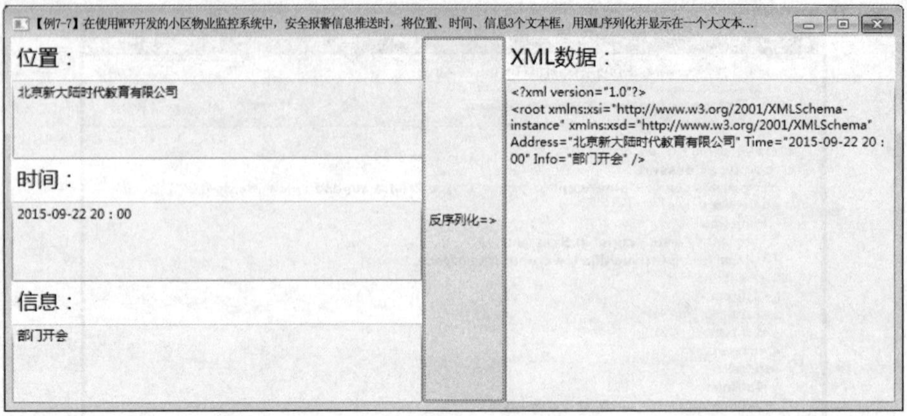

图7-17　XML序列化结果

操作步骤如下：

1）新建一个"Demo_7_7"WPF应用程序项目。

2）在"MainWindow.xaml"中添加如下代码，完成界面制作，详细代码参考源文件。

```
<Window x:Class="Demo_7_7.MainWindow"
        xmlns="http://schemas.microsoft.com/winfx/2006/xaml/presentation"
        xmlns:x="http://schemas.microsoft.com/winfx/2006/xaml"
        Title="【例7-7】在使用WPF开发的小区物业监控系统中，安全报警信息推送时，
将位置、时间、信息3个文本框，用XML序列化  并显示在一个大文本框中。"Height="380.843"
Width="869.636">
    <Grid>
        ……
    </Grid>
</Window>
```

3）在"MainWindow.xaml.cs"中添加如下代码：

```
namespace Demo_7_7
{
    private void Button_Click(object sender, RoutedEventArgs e)
    {
        //声明一个对象
        var obj = new DataInfo { Address = txtAddress.Text, Info = txtInfo.Text, Time
= txtTime.Text };
        //序列化这个对象
        XmlSerializer serializer = new XmlSerializer(typeof(DataInfo));
        using (System.IO.MemoryStream ms = new MemoryStream())
        {
```

```
                //将对象序列化并输出到控制台
                serializer.Serialize(ms, obj);
                ms.Position = 0;
                using (System.IO.StreamReader sr = new StreamReader(ms))
                {
                    txtData.Text = sr.ReadToEnd();
                }
            }
        }
    } [XmlRoot("root")]
public class DataInfo
    {
        //定义Color属性的序列化为root节点的属性
        [XmlAttribute("Address")]
        public string Address { get; set; }
        //定义Color属性的序列化为root节点的属性
        [XmlAttribute("Time")]
        public string Time { get; set; }
        //定义Color属性的序列化为root节点的属性
        [XmlAttribute("Info")]
        public string Info { get; set; }
    }
```

4）启动项目进行测试，就可以看到图7-16和图7-17所示的界面。

【例7-8】在使用WPF开发的小区物业监控系统中，安全报警信息推送时，在一个大文本框中实现XML反序列化并显示在位置、时间、信息3个文本框中，其运行结果如图7-18和图7-19所示。

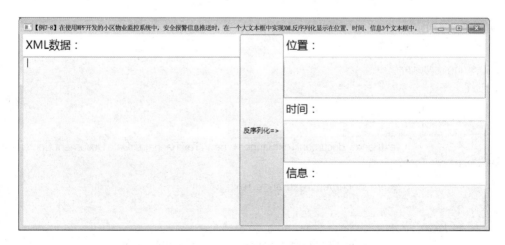

图7-18　XML反序列化初始

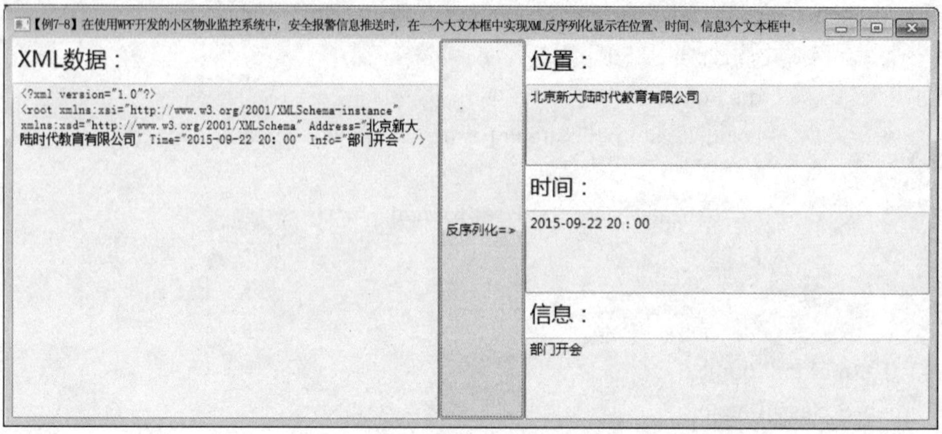

图7-19　XML反序列化结果

操作步骤如下:

1) 新建一个"Demo_7_8"WPF应用程序项目。

2) 在"MainWindow.xaml"中添加如下代码,完成界面制作,详细代码参考源文件。

```
<Window x:Class="Demo_7_8.MainWindow"
        xmlns="http://schemas.microsoft.com/winfx/2006/xaml/presentation"
        xmlns:x="http://schemas.microsoft.com/winfx/2006/xaml"
        Title="【例7-8】在使用WPF开发的小区物业监控系统中，安全报警信息推送时，　在一个大文本框中实现XML反序列化并显示在位置、时间、信息3个文本框中。" Height="380.843"
Width="869.636">
    <Grid>
        ......
    </Grid>
</Window>
```

3) 在"MainWindow.xaml.cs"中添加如下代码:

```
namespace Demo_7_8
{
    string XMLText
        {
            get
            {
                TextRange documentTextRange = new TextRange(rtxtData.Document.ContentStart,
rtxtData.Document.ContentEnd);
                return documentTextRange.Text;
            }
        }
        private void Button_Click(object sender, RoutedEventArgs e)
        {
```

```
            try
            {
                using (StringReader rdr = new StringReader(XMLText))
                {
                    //声明序列化对象实例Serializer
                    XmlSerializer serializer = new XmlSerializer(typeof(DataInfo));
                    //反序列化，并将反序列化结果值赋给变量i
                    DataInfo i = (DataInfo)serializer.Deserialize(rdr);
                    //输出反序列化结果
                    txtAddress.Text = i.Address;
                    txtInfo.Text = i.Info;
                    txtTime.Text = i.Time;
                }
            }
            catch (Exception ex)
            {
                    MessageBox.Show("XML格式错误！","错误",MessageBoxButton.OK,
MessageBoxImage.Error);
            }
        }
    }
    [XmlRoot("root")]
    public class DataInfo
    {
        //定义Color属性的序列化为root节点的属性
        [XmlAttribute("Address")]
        public string Address { get; set; }
        //定义Color属性的序列化为root节点的属性
        [XmlAttribute("Time")]
        public string Time { get; set; }
        //定义Color属性的序列化为root节点的属性
        [XmlAttribute("Info")]
        public string Info { get; set; }
    }
```

4）启动项目进行测试，就可以看到图7-18和图7-19所示的界面。

7.6　JSON序列化和反序列化

1．JSON

JSON（JavaScript Object Notation，Java对象表示法）是一种轻量级的数据交换格式，非常适合于服务器与JavaScript的交互。下面将重点讲解JSON格式，并通过代码示例演示如何分别在客户端和服务器端进行JSON格式数据的处理。

尽管XML如何拥有跨平台、跨语言的优势，然而除非应用于Web Services，否则，在普通的Web应用中，无论是服务器端生成或处理XML，还是客户端用JavaScript解析XML，都常常导致复杂的代码和极低的开发效率。

现在，JSON为Web应用开发者提供了另一种数据交换格式。同XML或HTML片段相比，JSON提供了更好的简单性和灵活性。

2．JSON数据格式

和XML一样，JSON也是基于纯文本的数据格式。由于JSON天生是为JavaScript准备的，因此，JSON的数据格式非常简单，用户可以用JSON传输简单的String、Number和Boolean，也可以传输一个数组，或一个复杂的Object对象。

JSON还可以表示一个数组对象，使用 [ ] 包含所有元素，每个元素用逗号分隔，元素可以是任意的Value。例如，以下数组包含了一个String、一个Number、一个Boolean和一个null：

```
["abc",12345,false,null]
```

Object对象在JSON中是用 { } 包含一系列无序的Key-Value表示的，实际上此处的Object相当于Java中的Map<String，Object>，而不是Java中的Class。注意，Key只能用String表示。

例如，一个Address对象包含如下的Key-Value：

```
city:Beijing
 street:Chaoyang  Road
 postcode:100025（整数）
```

用JSON表示如下：

```
{"city":"Beijing","street":" Chaoyang  Road ","postcode":100025}
```

其中，Value也可以是另一个Object或数组，因此，复杂的Object可以嵌套表示。例如，一个Person对象包含name和address对象，可以表示如下：

```
{"name":"Michael","address":
    {"city":"Beijing","street":" Chaoyang  Road ","postcode":100025}
}
```

3．JavaScript处理JSON数据

上面介绍了如何用JSON表示数据，接下来，还要解决如何在服务器端生成JSON格式的数据以便发送到客户端，以及客户端如何使用JavaScript处理JSON格式的数据。

先讨论如何在Web页面中用JavaScript处理JSON数据。下面通过一个简单的JavaScript方法就能看到客户端如何将JSON数据表示给用户：

```
function handleJson() {
```

```
var j={"name":"Michael","address":
    {"city":"Beijing","street":" Chaoyang Road ","postcode":100025}
};
document.write(j.name);
document.write(j.address.city);
}
```

假定服务器返回的JSON数据是上文的：

```
{"name":"Michael","address":
    {"city":"Beijing","street":" Chaoyang Road ","postcode":100025}
}
```

只需将其赋值给一个JavaScript变量，就可以立刻使用该变量并更新页面中的信息了。相比XML需要从DOM中读取各种结点而言，JSON的使用非常容易，需要做的仅仅是发送一个AJAX请求，然后将服务器返回的JSON数据赋值给一个变量即可。有许多AJAX框架早已包含了处理JSON数据的能力，例如，Prototype（一个流行的JavaScript库：http://prototypejs.org）提供了evalJSON方法，能直接将服务器返回的JSON文本变成一个JavaScript变量：

```
new Ajax.Request("http://url", {
  method: "get",
  onSuccess: function(transport) {
    var json = transport.responseText.evalJSON();
    // TODO: document.write(json.xxx);
  }
});
```

4．在.NET中使用JSON

在.NET中使用JSON，就得使用JSON.NET，它是一个非常著名的在.NET中处理JSON的工具，较常用的是以下几个功能。

（1）通过序列化将.NET对象转换为JSON字符串

在Web开发过程中，经常需要将从数据库中查询到的数据转换为JSON格式的字符串再传回客户端，这就需要进行序列化，这里用到的是JsonConvert对象的SerializeObject方法，其语法格式为：JsonConvert.SerializeObject（object），代码中的"object"就是要序列化的.NET对象，序列化后返回的是JSON字符串。

（2）使用LINQ to JSON定制JSON数据

使用JsonConvert对象的SerializeObject只是简单地将一个list或集合转换为JSON字符串。但是，有的时候前端框架，如"ExtJs"对服务端返回的数据格式是有一定要求的，这时就需要用到JSON.NET的LINQ to JSON，LINQ to JSON的作用就是根据需要的格式来定制JSON数据。

使用LINQ to JSON前，需要引用Newtonsoft.Json的dll和using Newtonsoft.

Json.Linq的命名空间。LINQ to JSON主要使用到JObject、JArray、JProperty和JValue这4个对象，JObject用来生成一个JSON对象，简单来说就是生成"{ }"；JArray用来生成一个JSON数组，也就是"[ ]"；JProperty用来生成一个JSON数据，格式为Key-Value；而JValue则直接生成一个JSON值。

（3）处理客户端提交的JSON数据

客户端提交过来的数据一般都是JSON字符串，为了更好地进行操作（面向对象的方式），一般都会想办法将JSON字符串转换为JSON对象。例如，客户端提交了以下数组格式的JSON字符串：

```
[
    {StudentID:"100",Name:"aaa",Hometown:"china"},
    {StudentID:"101",Name:"bbb",Hometown:"us"},
    {StudentID:"102",Name:"ccc",Hometown:"england"}
]
```

在服务器端就可以使用JObject或JArray的Parse方法轻松地将JSON字符串转换为JSON对象，然后通过对象的方式提取数据。下面是服务器端代码：

```
protected void Page_Load(object sender, EventArgs e)
        {
            string inputJsonString = @"
            [
                {StudentID:'100',Name:'aaa',Hometown:'china'},
                {StudentID:'101',Name:'bbb',Hometown:'us'},
                {StudentID:'102',Name:'ccc',Hometown:'england'}
            ]";
            JArray jsonObj = JArray.Parse(inputJsonString);
            string message = @"<table border='1'>
                <tr><td width='80'>StudentID</td><td width='100'>Name</td><td width='100'>Hometown</td></tr>";
            string tpl = "<tr><td>{0}</td><td>{1}</td><td>{2}</td></tr>";
            foreach (JObject jObject in jsonObj)
            {
                message += String.Format(tpl, jObject["StudentID"], jObject["Name"],jObject["Hometown"]);
            }
            message += "</table>";
            lbMsg.InnerHtml = message;
        }
```

当然，服务器端除了使用LINQ to JSON来转换JSON字符串外，也可以使用

JsonConvert的DeserializeObject方法。如下面代码实现与上面代码相同的功能。

```
List<Student> studentList = JsonConvert.DeserializeObject<List<Student>>(inputJsonString);//
注意，这里必须为List<Student>类型,因为客户端提交的是一个数组JSON
        foreach (Student student in studentList)
        {
            message += String.Format(tpl, student.StudentID, student.Name,student.Hometown);
        }
```

在客户端，读写JSON对象可以使用"."操作符或"["key"]"，JSON字符串转换为JSON对象使用eval函数。

在服务器端，由.NET对象转换JSON字符串优先使用JsonConvert对象的SerializeObject方法，定制输出JSON字符串使用LINQ to JSON。由JSON字符串转换为.NET对象优先使用JsonConvert对象的DeserializeObject方法，然后也可以使用LINQ to JSON。

【例7-9】在使用WPF开发的小区物业监控系统中，安全报警信息推送时，将位置、时间、信息3个文本框，用JSON序列化并显示在一个大文本框中，其运行结果如图7-20和图7-21所示。

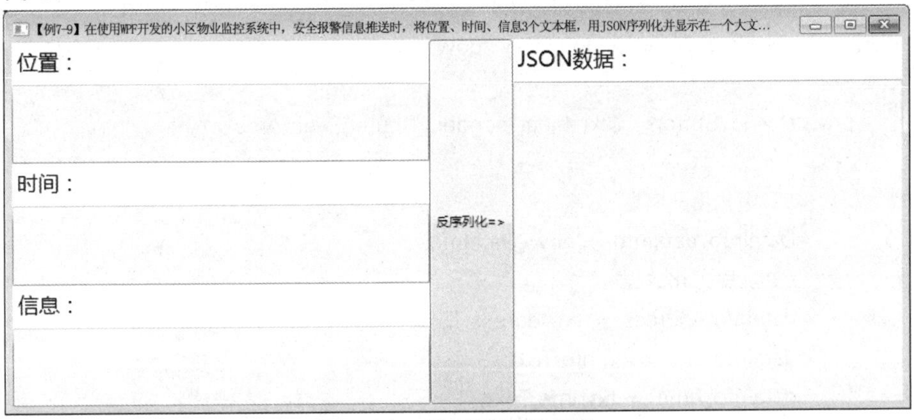

图7-20　JSON序列化开始

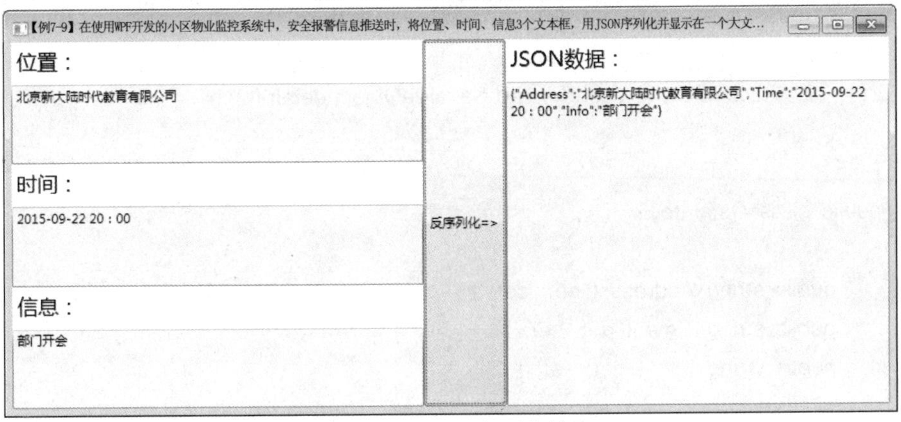

图7-21　JSON序列化结果

操作步骤如下：

1）新建一个"Dome_7_9"WPF应用程序项目。

2）在"MainWindow.xaml"中添加如下代码，完成界面制作，详细代码参考源文件。

```
<Window x:Class="Demo_7_9.MainWindow"
        xmlns="http://schemas.microsoft.com/winfx/2006/xaml/presentation"
        xmlns:x="http://schemas.microsoft.com/winfx/2006/xaml"
        Title="【例7-9】在使用WPF开发的小区物业监控系统中，安全报警信息推送时，将位置、时间、信息3个文本框，用JSON序列化并显示在一个大文本框中。"Height="380.843" Width="869.636">

    <Grid>
        ……
    </Grid>
</Window>
```

3）在"MainWindow.xaml.cs"中添加如下代码：

```
namespace Demo_7_9
{
    public partial class MainWindow : Window
    {
        private void Button_Click(object sender, RoutedEventArgs e)
        {
            //实例化用户信息
            DataInfo dataInfo = new DataInfo();
            //添加序列化数据
            dataInfo.Address = txtAddress.Text;
            dataInfo.Info = txtInfo.Text;
            dataInfo.Time = txtTime.Text;
            //进行JSON转换，要使用Newtonsoft.Json.dll，请在程序中添加 "using Newtonsoft.Json;"
            //序列化
            txtData.Text = JsonConvert.SerializeObject(dataInfo);
        }
    }
    public class DataInfo
    {
        public string Address { get; set; }
        public string Time { get; set; }
        public string Info { get; set; }
    }
```

}

4）启动项目进行测试，就可以看到图7-20和图7-21所示的界面。

【例7-10】在使用WPF开发的小区物业监控系统中，安全报警信息推送时，在一个大文本框中JSON反序列化，并显示在位置、时间、信息3个文本框中。其运行结果如图7-22和图7-23所示。

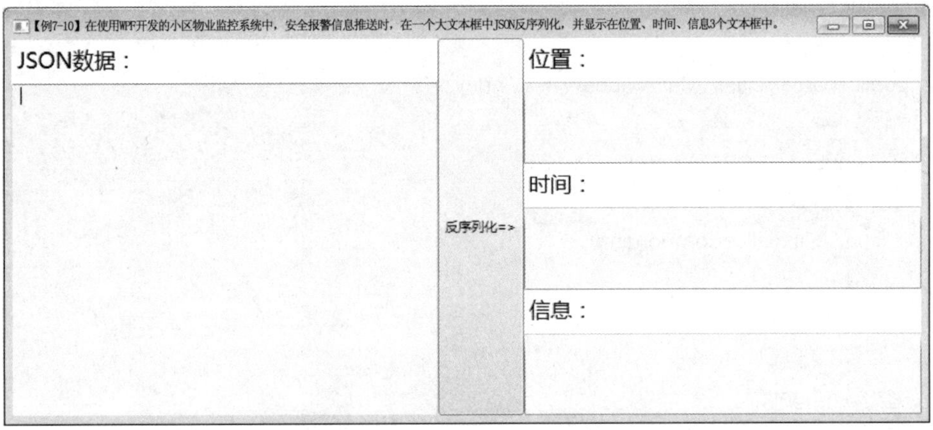

图7-22　JSON反序列化开始

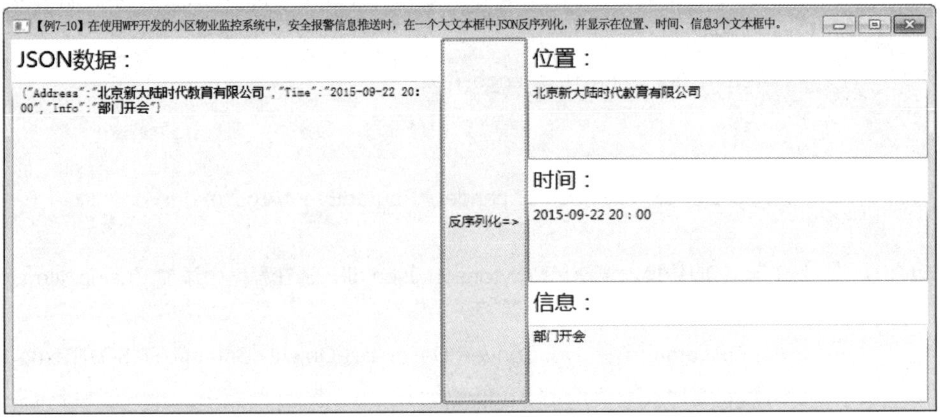

图7-23　JSON反序列化结果

操作步骤如下：

1）新建一个"Dome_7_10"WPF应用程序项目。

2）在"MainWindow.xaml"中添加如下代码，完成界面制作，详细代码参考源文件。

```
<Window x:Class="Demo_7_10.MainWindow"
        xmlns="http://schemas.microsoft.com/winfx/2006/xaml/presentation"
        xmlns:x="http://schemas.microsoft.com/winfx/2006/xaml"
        Title="【例7-10】在使用WPF开发的小区物业监控系统中，安全报警信息推送时，
在一个大文本框中JSON反序列化，并显示在位置、时间、信息3个文本框中。" Height="380.843"
Width="869.636">
        <Grid>
```

```
......
    </Grid>
</Window>
```

3）在"MainWindow.xaml.cs"中添加如下代码：

```csharp
<Window x:Class="Demo_7_10.MainWindow"
namespace Demo_7_10
{
    public partial class MainWindow : Window
    {
        public MainWindow()
        {
            InitializeComponent();
        }
        string JSONText
        {
            get
            {
                TextRange documentTextRange = new TextRange(rtxtData.Document.ContentStart,
rtxtData.Document.ContentEnd);
                return documentTextRange.Text;
            }
        }
        private void Button_Click(object sender, RoutedEventArgs e)
        {
            //进行JSON转换，要使用Newtonsoft.Json.dll，请在程序中添加"using Newtonsoft.
Json;"
            DataInfo dataInfo = JsonConvert.DeserializeObject<DataInfo>(JSONText);
            txtAddress.Text = dataInfo.Address;
            txtInfo.Text = dataInfo.Info;
            txtTime.Text = dataInfo.Time;
        }
    }
    public class DataInfo
    {
        public string Address { get; set; }
        public string Time { get; set; }
        public string Info { get; set; }
    }
}
```

4）启动项目进行测试，就可以看到图7-22和图7-23所示的界面。

7.7 ashx

1．ashx

一般处理程序（HttpHandler）是.NET众多Web组件的一种，ashx是其扩展名。一个HttpHandler接受并处理一个HTTP请求，就好像Java中的servlet。如果要使用servlet，那么在Java中需要继承HttpServlet类。同理，如果要使用HttpHandler，那么在net中需要实现IHttpHandler接口，这个接口有一个IsReusable成员，一个待实现的方法ProcessRequest（HttpContextctx）。程序在processRequest方法中处理接收到的HTTP请求。成员IsReusable指定此IhttpHandler的实例是否可以被用来处理多个请求。

.ashx程序适合产生供浏览器处理的、不需要回发处理的数据格式，如用于生成动态图片和动态文本等内容。

2．HttpHandler的实例

HttpHandler的实例：在浏览器中请求此程序，将会打印hello。

.ashx文件类似于.aspx文件，可以通过它来调用HttpHandler类，从而免去了普通.aspx页面的控件解析以及页面处理的过程。

（1）.ashx文件的添加

打开ASP.NET web site，在项目上单击鼠标右键，在弹出的快捷菜单中选择"Add New Item…"命令；将显示一个"Add New Item"对话框，选择"Generic Handler"。此时，就会得到一个新的ashx文件。

（2）.ashx文件自动生成的代码

它定义了IHttpHandler接口的两部分。非常重要的一部分是ProcessRequest()，它将决定这个.ashx文件是被请求还是被显示。用户不能修改这个继承的接口或删除它的方法。.ashx文件自动生成的代码如下：

```
<%@ WebHandler Language="C#" Class="Handler" %>
using System;
using System.Web;
public class Handler : IHttpHandler
…{
  public void ProcessRequest (HttpContext context)
  …{
    context.Response.ContentType = "text/plain";
    context.Response.Write("Hello World");
  }
  public bool IsReusable
  …{
    get…{ return false; }
```

```
    }
}
```

从以上代码可以发现，一般处理程序是一个实现了IHttpHandler接口的类，可以在服务器端执行，必然也可以从浏览器获得数据，也可以发给浏览器数据。ProcessRequest（HttpContext context）：方法在程序被访问时调用，参数是请求上下文的对象，通过对象可以处理信息；context.Response.Write（"Hello World"）：是向浏览器输出方法，把数据从服务器发送到浏览器。

3．ashx文件说明

（1）什么是HttpHandler

HttpHandler是一个HTTP请求的真正处理中心，也正是在这个HttpHandler容器中，ASP.NET Framework才真正地对客户端请求的服务器页面做出编译和执行，并将处理后的信息附加在HTTP请求信息流中再次返回到HttpModule中。

（2）IHttpHandler是什么

IHttpHandler定义了如果要实现一个HTTP请求的处理所必须实现的一些系统约定。HttpHandler与HttpModule不同，一旦定义了自己的HttpHandler类，那么它对系统的HttpHandler的关系将是"覆盖"关系。

（3）IHttpHandler如何处理HTTP请求

当一个HTTP请求经HttpModule容器传递到HttpHandler容器中时，ASP.NET Framework会调用HttpHandler的ProcessRequest成员方法来对这个HTTP请求进行真正的处理。以一个aspx页面为例，正是在这里，一个ASPX页面才被系统处理解析，并将处理完成的结果继续经由HttpModule传递下去，直至到达客户端。

4．.ashx文件的实例

【例7-11】在使用WPF开发的小区物业监控系统中，把前面用户登录的程序用ashx接口实现，其运行结果如图7-24和图7-25所示 。

图7-24　用户登录的程序用ashx接口实现

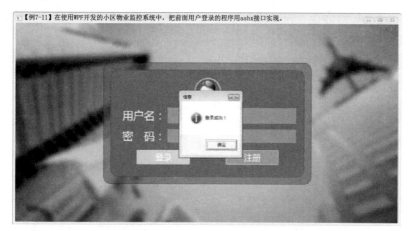

图7-25 用户登录的程序用ashx接口登录成功

操作步骤如下：

1）新建一个"Demo_7_11_Web Service"应用程序项目。

2）新建一个ADO.NET Entity Data Model Designer文件"Model1.edmx"，以访问用户数据库。

3）新建一个ASP.NET Generic Handler文件index，并在"index.ashx.cs"中添加如下代码：

```
namespace Demo_7_11_Web Service
{
    public class index : IHttpHandler
    {
        public void ProcessRequest(HttpContext context)
        {
            //请求模型
            RequestModel req;
            //响应模型
            ResponseModel resp = new ResponseModel();
            //进行请求内容类型和传输方法校验
            if (context.Request.ContentType=="application/json"&&context.Request.RequestType=="POST")
            {
                //获取请求的实体主体内容
                var stream = context.Request.InputStream;
                //读取主体内容 using.System.io
                using (System.IO.StreamReader sr = new System.IO.StreamReader(stream, System.Text.Encoding.UTF8))
                {
```

```
                //读取主体内容的所有数据
                var data = sr.ReadToEnd();
                //进行JSON转换，要使用Newtonsoft.Json.dll，请在程序中添加 "using Newtonsoft.
Json;"
                req= JsonConvert.DeserializeObject<RequestModel>(data);
                //请求名
                resp.OP = req.OP;
                //数据处理并且返回ResponseModel
                Run(req,ref resp);
                }
            }
            else
            {
                resp.Context = null;
                resp.IsSuccess = false;
                resp.Message = "context.Request.ContentType==\"application/json\"&&context.Request.
RequestType==\"POST\"";
                resp.OP = null;
            }
            //将响应模型转换为JSON格式的字符串
            string respStr = JsonConvert.SerializeObject(resp);
            context.Response.ContentType = "application/json";
            context.Response.Write(respStr);
        }
    private void Run(RequestModel req, ref ResponseModel resp)
        {
            switch (req.OP)
            {
              case "Login":
                Login(req, ref  resp);
                break;
              default:
                {
                    resp.IsSuccess = false;
                    resp.Message = "OP错误";
                }
                break;
            }
        }
    private string[] XMLValueName = new string[] { "UserName", "UserPwd", "UserGender",
"UserOriginName", "UserHobbies", "UserSuggest"};
        //登录处理方法
```

```csharp
        private void Login(RequestModel req, ref ResponseModel resp)
        {
            string userName = req.Context["UserName"];
            string userPwd = req.Context["UserPwd"];
            //信息不正确
            string Msg = "";
            using (MonitorDBEntities db = new MonitorDBEntities())
            {
                var obj = (from x in db.Users where (x.UserName == userName && x.UserPwd == userPwd) select x).ToArray();
                if (obj.Length > 0)
                {
                    //登录成功
                    resp.Message = "登录成功";
                    resp.IsSuccess = true;
                }
                else
                {
                    //错误,响应登录失败
                    resp.Message = "登录失败";
                    resp.IsSuccess = false;
                }
            }
        }
        public bool IsReusable
        {
            get
            {
                return false;
            }
        }
    }
    public class RequestModel
    {
        public string OP { get; set; }
        public Dictionary<string, string> Context { get; set; }
    }
    public class ResponseModel
    {
        public string OP { get; set; }
        public bool IsSuccess { get; set; }
```

```
        public string Message { get; set; }
        public Dictionary<string, string> Context { get; set; }
    }
}
```

4）新建一个"Demo_7_11_Client"WPF应用程序项目。

5）在"MainWindow.xaml"中添加如下代码，完成界面制作，详细代码参考源文件。

```
<Window x:Class="Demo_7_11_Client.MainWindow"
        xmlns="http://schemas.microsoft.com/winfx/2006/xaml/presentation"
        xmlns:x="http://schemas.microsoft.com/winfx/2006/xaml"
        Title="【例7-11】在使用WPF开发的小区物业监控系统中，把前面用户登录的程序用ashx
接口实现。" Height="581.992" Width="1089.56" >
    <Grid>
        ......
    </Grid>
</Window>
```

6）在"MainWindow.xaml.cs"中添加如下代码：

```
namespace Demo_7_11_Client
{
    string UrlStr {get{return System.Configuration.ConfigurationSettings.AppSettings
["serviceUrl"];}}
        private void btnRegisteredShow_Click_1(object sender, RoutedEventArgs e)
        {
            txtLoginUserName.Text = "";
            pwdLoginUserPwd.Password = "";
        }
        private void btnLogin_Click_1(object sender, RoutedEventArgs e)
        {
            string UserName = txtLoginUserName.Text;
            string UserPwd = pwdLoginUserPwd.Password.ToString();
            //================访问Web Service 进行注册操作================
            ResponseModel resp = new ResponseModel();
            RequestModel req = new RequestModel();
            req.OP = "Login";
            req.Context.Add("UserName", UserName);
            req.Context.Add("UserPwd", UserPwd);
            if (WebServiceHelper.RequestAshxWebService(req, ref resp, UrlStr))
            {//通信成功
                if (!resp.IsSuccess)
                {//操作失败
                    //错误提示
```

```
                    MessageBox.Show(resp.Message.Split(' ')[0], "错误", MessageBoxButton.
OK, MessageBoxImage.Error);
                }
                else
                {//登录成功
                    txtLoginUserName.Text = "";
                    pwdLoginUserPwd.Password = "";
                    //提示
                    MessageBox.Show("登录成功！", "信息", MessageBoxButton.OK,
MessageBoxImage.Information);
                }
            }
            //===================================
        }
    }
```

7）新建一个"WebServiceHelper.cs"文件，添加如下代码：

```
namespace Demo_7_11_Client
{
    public class WebServiceHelper
    {
        public static bool RequestAshxWebService(RequestModel req, ref ResponseModel resp,
string Url)
        {
            string req_str_ = Newtonsoft.Json.JsonConvert.SerializeObject(req);//****
            System.NET.HttpWebRequest httpWebRequest = (System.NET.HttpWebRequest)
System.NET.HttpWebRequest.Create(Url);//****
            httpWebRequest.Method = "POST";//****
            httpWebRequest.ContentType = "application/json";//****
            byte[] Req_bytes_ = Encoding.UTF8.GetBytes(req_str_);// new ASCIIEncoding().
GetBytes(req_str_);//****
            httpWebRequest.ContentLength = Req_bytes_.Length;// req_str_.Length;//****
            System.IO.Stream req_st_;
            try
            {
                req_st_ = httpWebRequest.GetRequestStream();//****
            }
            catch (Exception er)
            {
                //MessageBox.Show("连接服务器失败！" + er.Message);
                return false;
            }
```

```
            req_st_.Write(Req_bytes_, 0, Req_bytes_.Length);
            System.Threading.Thread.Sleep(100);
            System.NET.HttpWebResponse httpWebResponse = (System.NET.HttpWebResponse)
httpWebRequest.GetResponse();
            System.IO.Stream resp_st_;
            try
            {
                resp_st_ = httpWebResponse.GetResponseStream();
            }
            catch (Exception er)
            {
                // MessageBox.Show("响应时连接服务器失败！" + er.Message);
                return false;
            }
            using (System.IO.StreamReader sr = new System.IO.StreamReader(resp_st_))
            {
                string resp_str_ = sr.ReadToEnd();
                resp = Newtonsoft.Json.JsonConvert.DeserializeObject<ResponseModel>(resp_
str_);

            }
            return true;
        }
    }
    public class RequestModel
    {
    public RequestModel()
    {
        Context = new Dictionary<string, string>();
    }
    public string OP { get; set; }
    public Dictionary<string, string> Context { get; set; }
    }
    public class ResponseModel
    {
    public ResponseModel()
    {
        Context = new Dictionary<string, string>();
    }
    public string OP { get; set; }
    public bool IsSuccess { get; set; }
    public string Message { get; set; }
    public Dictionary<string, string> Context { get; set; }
```

```
        }
    }
}
```

8）启动项目进行测试，就可以看到图7-24和图7-25所示的界面。

【例7-12】在使用WPF开发的小区物业监控系统中，读取数据库中的用户表，用XML和JSON传值并显示到界面上，其运行结果如图7-26和图7-27所示。

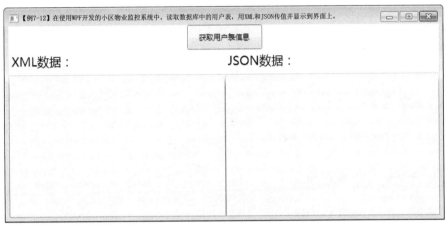

图7-26　用XML和JSON传值开始

图7-27　用XML和JSON传值结束并显示到界面

操作步骤如下：

1）新建一个"Demo_7_12"WPF应用程序项目。

2）新建一个ADO.NET Entity Data Model Designer文件"Model1.edmx"，以访问用户数据库。

3）在"MainWindow.xaml"中添加如下代码：

```xml
<Window x:Class="Demo_7_12.MainWindow"
        xmlns="http://schemas.microsoft.com/winfx/2006/xaml/presentation"
        xmlns:x="http://schemas.microsoft.com/winfx/2006/xaml"
        Title="【例7-12】在使用WPF开发的小区物业监控系统中，读取数据库中的用户表，用XML和JSON传值并显示到界面上。" Height="350" Width="736">
    <Grid>
        ......
    </Grid>
</Window>
```

4）在"MainWindow.xaml.cs"中添加如下代码：

```csharp
namespace Demo_7_12
{
    public partial class MainWindow : Window
    {
        public MainWindow()
        {
            InitializeComponent();
        }
        private void Button_Click(object sender, RoutedEventArgs e)
        {
            txtJSONData.Text = "";
            txtXMLData.Text = "";
            using (MonitorDBEntities db=new MonitorDBEntities())
            {
                var obj = (from x in db.Users select x).ToArray();
                //=====XML序列化
                //序列化这个对象
                XmlSerializer serializer = new XmlSerializer(typeof(Users[]));
                for (int i = 0; i < obj.Length; i++)
                {
                    using (System.IO.MemoryStream ms = new MemoryStream())
                    {
                        //将对象序列化并输出到控制台
                        serializer.Serialize(ms, obj);
                        ms.Position = 0;
                        using (System.IO.StreamReader sr = new StreamReader(ms))
                        {
                            txtXMLData.Text += sr.ReadToEnd();
                        }
```

```
                }
            }
        //=====JSON序列化
                //进行JSON转换，要使用Newtonsoft.Json.dll，请在程序中添加"using
Newtonsoft.Json;"
        //序列化
        txtJSONData.Text = JsonConvert.SerializeObject(obj);
            }
        }
    }
}
```

5）启动项目进行测试，就可以看到图7-26和图7-27所示的界面。

7.8 小结

本章主要介绍了网络编程。首先分析在整个小区物业监控系统中网络编程开发有什么样的应用？在哪些地方会出现这些应用？接下来，分别对TCP和UDP，Socket技术，使用Socket技术实现网络通信，使用HTTP技术实现网络通信；Web Service技术开发，XML序列化和反序列化；JSON序列化和反序列化；ashx接口文件的开发与使用等内容进行了基础实例演示。

学习本章应把注意力放在Socket技术、HTTP技术、Web Service、JSON、ashx接口文件开发的基础应用上，进而理解在整个系统中如何集成开发。

7.9 习题

1．简答题

1）使用Socket技术实现网络通信有什么样的应用？请简要说明。

2）使用HTTP技术实现网络通信有什么样的应用？请简要说明。

3）使用Socket技术和HTTP技术实现网络通信有什么区别？

4）Web Service是什么？有什么作用？

5）JSON是什么？有什么作用？

6）ashx接口文件有什么作用？请举例说明。

2．操作题

1）使用Web Service进行用户表的查询。

2）整合前面学过的知识，将JSON的序列化和反序列化实现在一个界面上。

3）定义用户登录的ashx接口文件，并实现登录过程。

第 8 章
综合应用开发

通过前面章节的学习，读者已经熟悉了整个"小区物业监控系统"中模块内的一些典型应用以及相关的开发技术，对整个系统有了一个初步认识。本章从系统需求分析、功能模块设计、功能模块图、数据库设计、系统详细设计实现等相关内容，使学生对整个系统开发的流程有一个更加清晰的认识。

本章主要是针对前面内容的综合应用。为了使读者有兴趣，印象更加深刻，这里选取的典型案例为"远程风扇"模块的实现。通过服务器界面实现监控现场的风扇的远程开启和关闭功能，前面没有涉及的相关模块开发都会在这一章给出相关的完整开发过程。本章涉及的具体相关模块如图8-1阴影部分所示。

本章涉及的具体模块有"登录模块""注册模块""环境监测模块""用户卡信息管理模块""门口路灯模块""社区安防模块""公共广播模块""系统设置模块""门口监控模块"和"远程风扇模块"。

学习本章首先要保证硬件设备连接无误，然后才能开发相应的程序。由于本章综合内容较多，建议学习时可按模块分步学习。

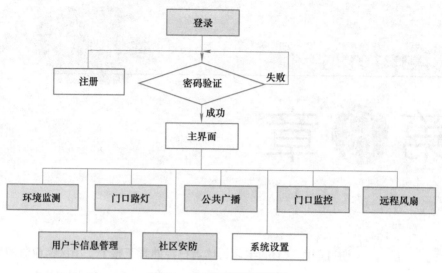

图8-1　第8章相关模块示意

➥ 本章重点

- 掌握温度、湿度、光照度等环境监测的方法。

- 掌握通过4150控制灯开关的方法。

- 学会对RFID读卡器进行编程。

- 掌握通过红外对射的反馈将信息推送至LED。

- 掌握通过摄像头进行监控程序开发。

- 学会使用ZigBee控制风扇的开启和关闭。

➥ 典型案例

在使用WPF开发的小区物业监控系统中，调用ZigBee控制模块实现风扇的开启和关闭。

调用ZigBee控制模块实现风扇的开启和关闭，执行结果如图8-2所示。

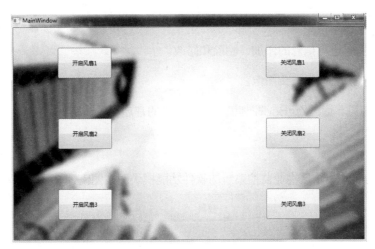

图8-2 调用ZigBee控制模块实现风扇的开启和关闭

在这个综合案例中，会涉及前几章所学的所有基础知识，以及项目开发的一些基本步骤。下面就先来学习这些知识点，然后再完成整个案例。

8.1 系统需求分析

在实施小区物业监控系统前，首先确定用户的要求，保证开发完成的系统能满足用户的需求并能更好地为其服务。开发人员通过对该系统需求企业多次访查，对业务实际操作人员提出的具体问题进行深入调查研究，建立分析模型，开发人员与用户进行多次交流沟通后，确定好用户所需的功能及各种组织结构关系。

8.2 功能模块设计

在仔细分析客户需求后，确定本应用程序包括10个模块，即登录模块、注册模块、环境监测模块、用户卡信息管理模块、门口路灯模块、社区安防模块、公共广播模块、系统设置模块、门口监控模块和远程通风模块，各模块功能如下。

1）登录：用户信息认证。

2）注册：用户信息添加。

3）环境监测：测量温度、湿度、光照度。

4）用户卡信息管理：对用户卡进行读写和打印等。

5）门口路灯：通过4150模块控制灯的开和关。

6）社区安防：通过红外对射的反馈将信息推送至LED。

7）公共广播：信息推送，实现服务器端发、客户端收。

8）系统设置：进行信息的添加、删除和修改。

9）门口监控：调取摄像头图像。

10）远程通风：通过ZigBee控制模块实现风扇的开启和关闭。

8.3 功能模块图

通过以上分析，本小区物业监控系统的软件功能模块图如图8-3所示。

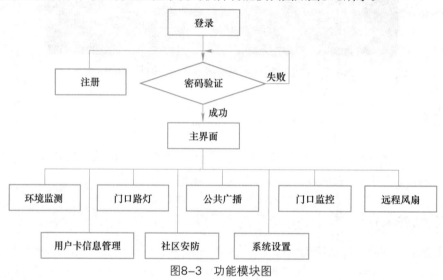

图8-3　功能模块图

8.4 数据库设计

本系统是以SQL Server数据库为后台的，数据库名为MonitorDB，根据上述对该系统的需求分析、功能分析，可以得出该系统所含各数据表的数据结构。下面是该系统所有的数据表（见表8-1和表8-2），描述了数据表中所有字段以及字段的数据类型、字段含义及是否为空。

表8-1　users客户表

序号	列名	类型	属性	说明（中文字段名）
1.1	UserId	varchar (45)	非空，主键	主键
1.2	UserName	varchar (45)	允许空	账号
1.3	UserPwd	varchar (45)	允许空	密码

表8-2　Table_LoginRecord客户登录时间表

序号	列名	类型	属性	说明（中文字段名）
1.1	id	int (8)	非空，主键	自动编号
1.2	UserName	varchar (45)	允许空	账号
1.3	LoginTime	varchar (45)	允许空	登录时间

8.5 系统详细设计实现

1. 登录模块实现

【例8-1】在使用WPF开发的小区物业监控系统中,登录功能使用"中心服务器端登录模块接口"开发 "WPF客户端登录模块"和"Web登录模块",其运行结果如图8-4和图8-5所示。

图8-4 WPF客户端登录模块

图8-5 Web登录模块

操作步骤如下:

1)新建一个"Demo8Server"应用程序项目。

2)新建一个ASP.NET Generic Handler文件index,并在"index.ashx.cs"中添加如下代码:

```
namespace Demo8Server
{
    public class Index : IHttpHandler
    {
        public void ProcessRequest(HttpContext context)
        {
            context.Response.ContentType = "text/plain";
            //验证请求方式是否为POST,以及数据格式是否为JSON,若错误则设置错误信息并返回
            if (context.Request.RequestType != "POST")
            {
                context.Response.Write("false");
                return;
            }
            string userName = context.Request.Form["name"];
            string userPwd = context.Request.Form["pw"];
        }
        public bool IsReusable
        {
            get
```

```
                {
                    return false;
                }
            }
        }
}
```

3）新建一个"Demo8Client"应用程序项目，实现WPF登录过程开发。

4）添加引用Comm. Utils、Comm. Bus. dll、Comm. Sys. dll，完成后台代码实现。

5）App. config配置服务器端的访问地址，代码如下。

```xml
<?xml version="1.0" encoding="utf-8" ?>
<configuration>
    <startup>
        <supportedRuntime version="v4.0" sku=".NETFramework,Version=v4.5" />
    </startup>
    <appSettings>
    <!-- 服务器端URL地址 -->
    <add key="ServiceUrl" value="http://localhost/Demo8Server/Index.ashx" />
    </appSettings>
</configuration>
```

6）在"MainWindow. xaml"中添加如下代码，完成界面制作，详细代码参考源文件。

```xml
<Window x:Class="Demo8Client.MainWindow"
        xmlns="http://schemas.microsoft.com/winfx/2006/xaml/presentation"
        xmlns:x="http://schemas.microsoft.com/winfx/2006/xaml"
        Title="MainWindow" Height="500" Width="800" >
    <Grid>
        ......
        </Grid>
</Window>
```

7）在"MainWindow. xaml. cs"中添加如下代码：

```csharp
namespace Demo8Client
{
    protected void UserLogin()
        {
            //获取用户名及密码
            string UserName = txtLoginUserName.Text;
            string UserPW = pwdLoginUserPwd.Password;
            //判断用户输入，若未输入完整则弹出提示
            if (UserName == "" || UserPW == "")
            {
```

```
                //用于在页面弹出信息
                MessageBox.Show("请输入用户名或密码以便登录！");
                return;
            }
        string data = string.Empty;
        data = "name=" + UserName + "pw=" + UserPW;
            ResultMsg<string> resultMsg = Comm.Utils.HttpHelper.Post(data,
ApplicationSettings.Get("ServiceUrl"));
            if (resultMsg.Status == ResultStatus.Success)
            {
                MessageBox.Show("登录成功！");
            }
            else
            {
                MessageBox.Show("登录失败！");
            }
        }
        private void btnLogin_Click(object sender, RoutedEventArgs e)
        {
            UserLogin();
        }
    }
```

8）启动项目进行测试，就可以看到图8-4所示的界面。

9）新建一个"Demo8Web"应用程序项目，实现网页端的登录程序开发。

10）添加引用Comm.Utils，完成后台代码实现。

11）Web.config配置服务器端的访问地址，代码如下。

```
<?xml version="1.0" encoding="utf-8"?>
<configuration>
    <system.web>
      <compilation debug="true" targetFramework="4.5" />
      <httpRuntime targetFramework="4.5" />
    </system.web>
  <appSettings>
    <!-- 服务器端URL地址 -->
    <add key="ServiceUrl" value="http://localhost/Demo8Server/Index.ashx" />
  </appSettings>
</configuration>
```

12）添加"Login.aspx"文件，完成如图8-5所示的Web登录模块界面制作，详细代码
参见源文件。

```
<%@ Page Language=" C#"  AutoEventWireup=" true"  CodeBehind=" Login.aspx.cs"
Inherits=" Demo8.Login"  %>
<!DOCTYPE html>
<html xmlns=" http://www.w3.org/1999/xhtml" >
<head runat=" server" >
    <meta http-equiv=" Content-Type"  content=" text/html; charset=utf-8"  />
    <title></title>
    ……
</html>
```

13）在"Login. aspx. cs"文件中，编写按键的事件驱动代码，主要代码如下：

```
namespace Demo8
{
  protected void UserLogin()
      {
          //获取用户名及密码
          string UserName = CtrlHelper.GetText(this.txtUserName);
          string UserPW = CtrlHelper.GetText(this.txtUserPW);
          //判断用户输入，若未输入完整则弹出提示
          if (UserName ==  " "  || UserPW ==  " " )
          {
              //用于在页面弹出信息
              Response.Write( "<script>alert('请输入用户名或密码以便登录！');</script>" );
              return;
          }
          string data = string.Empty;
          data =  "name="  + UserName +  "pw="  + UserPW;
          ResultMsg<string> resultMsg = Comm.Utils.HttpHelper.Post(data,
ApplicationSettings.Get( "ServiceUrl" ));
          if (resultMsg.Status == ResultStatus.Success)
          {
              Session[ "name" ] = UserName;
              Response.Write( "<script>alert('登录成功！');</script>" );
          }
          else
          {
              Response.Write( "<script>alert('登录失败！');</script>" );
          }
      }
      protected void btnLogin_Click(object sender, EventArgs e)
      {
          UserLogin();
```

```
            }
    }
```

14）启动项目进行测试，就可以看到图8-5所示的界面。

2. 环境监测模块实现

【例8-2】在使用WPF开发的小区物业监控系统中，完成四模拟量数据采集模块—— 串口、温度、湿度、光照度的程序开发，其运行结果如图8-6所示。

图8-6　四模拟量数据采集结果

操作步骤如下：

1）添加一个"Demo8_2"WPF应用程序项目。

2）在"MainWindow.xaml"中添加如下代码，完成界面制作，详细代码参考源文件。

```
<Window x:Class="Demo8_2.MainWindow"
        xmlns="http://schemas.microsoft.com/winfx/2006/xaml/presentation"
        xmlns:x="http://schemas.microsoft.com/winfx/2006/xaml"
        Title="四模拟量数据采集" Height="350" Width="525">
    <Grid>
     ......
    </Grid>
</Window>
```

3）添加引用Comm.Utils、Comm.Bus.dll、Comm.Sys.dll。

4）在"MainWindow.xaml.cs"中添加如下代码，编写按键的事件驱动代码，主要代码如下：

```
namespace Demo8_2
{
 public partial class MainWindow : Window
    {
        private static inPut_4 input4;
```

```csharp
/// <summary>
///   四输入模拟量操作类（需要引用Comm.Bus.dll、Comm.Sys.dll、Comm.Utils.dll、
Newland.DeviceProviderImpl.dll、Newland.DeviceProviderIntf.dll、NewlandLibrary.dll）
/// </summary>
public static inPut_4 InPut_4
{
    get
    {
        if (input4 == null)
        {
            input4 = new inPut_4();
        }
        return input4;
    }
}
 public MainWindow()
{
    InitializeComponent();
    this.Loaded += MainWindow_Loaded;
}
void MainWindow_Loaded(object sender, RoutedEventArgs e)
{
    GetPortList();
}
private void GetPortList()
{
    //SerialPort.GetPortNames()获取当前计算机的串口名称数组
    //遍历串口名称数组，并将其添加到ComboBox控件中
    foreach (string item in SerialPort.GetPortNames())
    {
        cmbPortList.Items.Add(item);
    }
    //若ComboBox控件记录数大于0，即有选项，则将当前选择的第一个项索引设置为索引0
    //否则添加一个"未找到串口"的项，并禁用"发送"按钮
    if (cmbPortList.Items.Count > 0)
    {
        cmbPortList.SelectedIndex = 0;
    }
    else
    {
        MessageBox.Show("未找到串口");
    }
```

```
    }
    private void btnGet_Click(object sender, RoutedEventArgs e)
    {
        if (cmbPortList.SelectedIndex == −1)
        {
            MessageBox.Show("请选择串口号");
            return;
        }
        if (!InPut_4.IsOpen)
        {
            InPut_4.Open(cmbPortList.SelectedValue.ToString());
        }
        //获取传感器数据
        lblLight.Content = InPut_4.getInPut4_Illumination();
        lblTemperature.Content = InPut_4.getInPut4_Temp();
        lblHumidity.Content = InPut_4.getInPut4_Humidity();
    }
}
}}
```

5）启动项目进行测试，就可以看到图8-6所示的界面。

3．用户卡信息管理模块实现

（1）桌面高频读写

【例8-3】演示桌面高频读写程序，其运行结果如图8-7所示。

图8-7　桌面高频读写

操作步骤如下：

1）添加一个"Demo8_3"WPF应用程序项目。

2）在"MainWindow.xaml"中添加如下代码，完成界面制作，详细代码参考源文件。界面代码编写必须按顺序执行，即打开、寻卡、验证、写卡、读卡、关闭。

```xml
<Window x:Class=" Demo8_2.MainWindow"
    <Window x:Class=" Demo8_3.MainWindow"
        xmlns=" http://schemas.microsoft.com/winfx/2006/xaml/presentation"
        xmlns:x=" http://schemas.microsoft.com/winfx/2006/xaml"
        Title="桌面高频读写" Height=" 350" Width=" 800" >
    <Grid>
        ......
    </Grid>
</Window>
```

3）添加引用MWRDemoDll，把mwrf32.dll类库复制到bin目录下。

4）在"MainWindow.xaml.cs"中添加如下代码：

```csharp
namespace Demo8_3
{
private void btnOpen_Click(object sender, RoutedEventArgs e)
    {
            //MifareRFEYE为桌面高频读写器控制类，其内部使用单例模式
            //Instance用来获取它的唯一实例，ConnDevice方法用于连接设备
            //ResultMessage类存放方法执行结果信息，以及方法执行后返回的内容
            ResultMessage msg = MWRDemoDll.MifareRFEYE.Instance.ConnDevice();
            //若执行状态（msg.Result）为失败（Result.Success），则表示连接成功，否则表示
连接失败
            if (msg.Result == Result.Success)
            {
                //为ListBox控件添加项——"连接成功"
                lstbox.Items.Add("连接成功");
                //为ListBox控件添加项——msg.OutInfo（执行方法返回的信息）
                lstbox.Items.Add(msg.OutInfo);
            }
            else
                //为ListBox控件添加项——msg.OutInfo（执行方法返回的信息）
                lstbox.Items.Add(msg.OutInfo);
    }
        //寻卡
        private void btnSearch_Click(object sender, RoutedEventArgs e)
    {
            //Search方法用于寻卡
            ResultMessage msg = MWRDemoDll.MifareRFEYE.Instance.Search();
            if (msg.Result == Result.Success)
            {
                lstbox.Items.Add("寻卡成功");
                lstbox.Items.Add(msg.Model);
```

```
        }
        else
            lstbox.Items.Add(msg.OutInfo);
    }
 // 读卡
        private void btnRead_Click(object sender, RoutedEventArgs e)
    {
    //Read方法用于读卡
    ResultMessage msg = MWRDemoDll.MifareRFEYE.Instance.Read();
    if (msg.Result == Result.Success)
    {
        lstbox.Items.Add("读卡成功");
        //msg.Mode为返回的模型，Read方法返回的模型为byte[]数组型
        //Encoding.Default.GetString()将其转换为字符串
        //Replace("\0", "")将转换后的字符串中的"\0"替换为""，即将其删除
        lstbox.Items.Add(Encoding.Default.GetString(((byte[])msg.Model)).
Replace("\0", ""));
    }
    else
        lstbox.Items.Add(msg.OutInfo);
    }
    //验证
        private void btnAuth_Click(object sender, RoutedEventArgs e)
    {
    //AuthCardPwd方法用于验证
    ResultMessage msg = MWRDemoDll.MifareRFEYE.Instance.AuthCardPwd("");
    lstbox.Items.Add(msg.OutInfo);
    }
        //写卡
        private void btnWrite_Click(object sender, RoutedEventArgs e)
    {
    //获取用户输入的文字，Trim()去除前后的空格
    string databuff = txtInput.Text.Trim();
    //存放写入的总字节数
    int total = 16;
    //返回字符串长度
    int len = GetStringCharLen(databuff);
    //以16个字节数组写入卡，不够填充空格
    if (len < total)
        databuff = databuff.PadRight(total);
    //将字符串转换为byte[]
```

```
        byte[] data = Encoding.Default.GetBytes(databuff);
        //Write(CardDataKind.Data, data)方法用于写卡，CardDataKind.Data为卡区域类别，
Data为数据类型
        ResultMessage msg = MWRDemoDll.MifareRFEYE.Instance.Write(CardDataKind.
Data1, data);
        lstbox.Items.Add(msg.OutInfo);
    }
    // 关闭连接

    private void btnClose_Click(object sender, RoutedEventArgs e)
    {
        //CloseDevice方法用于关闭设备
        ResultMessage msg = MWRDemoDll.MifareRFEYE.Instance.CloseDevice();
        lstbox.Items.Add(msg.Result == Result.Success ？ "关闭成功" : msg.OutInfo);
        //关闭本程序
        Application.Current.Shutdown();
    }
    // 返回字符串中的字节个数（中英文）
    public static int GetStringCharLen(string str)
    {
        //存放字符串长度
        int count = 0;
        //使用正则表达式判断字符是否为中文
        Regex regex = new Regex(@"^[\u4E00-\u9FA5]{0,}$");
        for (int i = 0; i < str.Length; i++)
        {
        //验证字符串当前索引位置的字符是否为中文，因为中文字符占两个字节，所以count
+= 2
            if (regex.IsMatch(str[i].ToString()))
            {
                count += 2;
            }
            else
                count += 1;
        }
        return count;
    }
  }
}
```

5）启动项目进行测试，就可以看到图8-7所示的界面。

（2）超高频读卡

【例8-4】演示桌面超高频读卡程序。读取多个标签并求和，其运行结果如图8-8所示。

图8-8　桌面超高频读卡程序

操作步骤如下：

1）添加一个"Demo8_4"WPF应用程序项目。

2）添加引用Srr1100U.dll、Srr110uLib.dll，把SSUApiDesk.dll类库复制到bin目录下。

3）新建XML助手类（XmlHelper.cs），分别实现数据对象转XML、把XML数据转为对应的对象。向"XmlHelper.cs"中添加的代码如下：

```
namespace Demo8_4
{
    // XML助手类
    public class XmlHelper
    {
        // 根据类中的属性生成XML的文件，默认为UTF-8方式
        public void ClassToXmlFile(object obj, string pathFile)
        {
            ClassToXmlFile(obj, pathFile, Encoding.UTF8);
        }
        // 根据类中的属性生成XML的文件
        public void ClassToXmlFile(object obj, string pathFile, Encoding encoding)
        {
            XmlSerializer ser = new XmlSerializer(obj.GetType());
            using (XmlTextWriter xmlWriter = new XmlTextWriter(pathFile, encoding))
            {
                ser.Serialize(xmlWriter, obj);
            }
        }
        // 将XML文件转换为指定的类
        public T XmlFileToClass<T>(string pathFile)
```

```
        {
            XmlSerializer ser = new XmlSerializer(typeof(T));
            using (XmlTextReader xmlReader = new XmlTextReader(pathFile))
            {
                T model = (T)ser.Deserialize(xmlReader);
                return model;
            }
        }
    }
}
```

4）新建标签实体"TagModel. cs"类，添加代码如下：

```
namespace Demo8_4
{
    [XmlRoot( "Tag" )]
     public class TagModel
     {
         //标签ID
         public string TagID { get; set; }
         // 价格
         public double Price { get; set; }
     }
}
```

5）新建标签实体列表属性"TagList. cs"类，添加代码如下：

```
namespace Demo8_4
{
    [XmlRoot( "TagList" )]
    public class TagList
    {
        public List<TagModel> _Items = null;
        public List<TagModel> Items
        {
            get
            {
                if (_Items == null)
                {
                    _Items = new List<TagModel>();
                //添加默认数据
                _Items.Add(new TagModel() { TagID = "35353535" , Price = 1.5 });
                _Items.Add(new TagModel() { TagID = "757575757562766262383736370" , Price
= 15.0 });
                }
```

```
                    return _Items;
                }
            }
        }
    }
```

6）新建设置帮助类（SettingHelper.cs），以对XML实现保存、获取、删除等功能。
向"SettingHelper.cs"类添加的代码如下：

```
namespace Demo8_4
{
    public class SettingHelper<T>
    {
        XmlHelper xml = new XmlHelper();
        string fileName = string.Empty;
        string filePath = string.Empty;
        string fullName = string.Empty;
        public SettingHelper()
        {
            this.fileName = this.GetXmlRootProperty();
            this.filePath = AppDomain.CurrentDomain.BaseDirectory;
            this.fullName = filePath + fileName + ".xml";
        }
        public void SetSetting(T obj)
        {
            xml.ClassToXmlFile(obj, this.fullName);
        }
        public T GetSetting()
        {
            if (File.Exists(this.fullName) == false)
            {
                Type type = typeof(T);
                T model = (T)type.Assembly.CreateInstance(type.FullName);
                this.SetSetting(model);
            }
            return xml.XmlFileToClass<T>(this.fullName);
        }
        public void DeleteSetting()
        {
            if (File.Exists(fullName))
            {
                File.Delete(fullName);
            }
```

```
        }
        private string GetXmlRootProperty()
        {
            Attribute attribute = typeof(T).GetCustomAttribute(typeof(XmlRootAttribute));
            XmlRootAttribute xmlRoot = attribute as XmlRootAttribute;
            if (xmlRoot != null)
            {
                return xmlRoot.ElementName;
            }
            return string.Empty;
        }
    }
}
```

7）新建全局类（Global. cs），设置或获取标签列表。向"Global. cs"类中添加的代码如下：

```
namespace Demo8_4
{
    public class Global
    {
        private static TagList _TagList = null;
        public static TagList TagList
        {
            get
            {
                if (_TagList == null)
                {
                    _TagList = new SettingHelper<TagList>().GetSetting();
                }
                return _TagList;
            }
            set
            {
                _TagList = value;
            }
        }
    }
}
```

8）在"MainWindow. xaml"中添加如下代码，完成界面制作，详细代码参考源文件。

```
<Window x:Class=" Demo8_4.MainWindow"
        xmlns=" http://schemas.microsoft.com/winfx/2006/xaml/presentation"
```

```
        xmlns:x="http://schemas.microsoft.com/winfx/2006/xaml"
        Title="桌面超高频读卡" Height="390" Width="420" >
    <Grid>
        ……
    </Grid>
</Window>
```

9）在"MainWindow.xaml.cs"中添加如下代码，编写按键的事件驱动代码，主要代码如下：

```
namespace Demo8_4
{
    public partial class MainWindow : Window
    {
    // 定义读卡器
      private SrrReader reader;
      private double _TotalPrice = 0;
      public MainWindow()
      {
          InitializeComponent();
          this.Loaded += MainWindow_Loaded;
      }
      void MainWindow_Loaded(object sender, RoutedEventArgs e)
      {
          //加载接入到计算机的所有串口号，并添加到下拉菜单中
          string[] arrPort = SerialPort.GetPortNames();
          foreach (var item in arrPort)
          {
              ddlPort.Items.Add(item);
          }
      }
    // 读取
      private void btnRead_Click(object sender, RoutedEventArgs e)
      {
          //判断是否选择了串口
          if (ddlPort.SelectedIndex < 0)
          {
              MessageBox.Show("请选择正确的串口");
              return;
          }
          //开始根据选取的串口实例化读卡器对象
          reader = new SrrReader(ddlPort.SelectedValue.ToString());
          //打开读卡器
```

```csharp
        int flag = reader.ConnDevice();
        switch (flag)//判断打开状态
        {
            case 0://成功打开，可以读取
                {
                    btnRead.IsEnabled = false;
                    //指定回调委托读卡
                    reader.Read(reader_Callback);
                }
                break;
            case -2:
                MessageBox.Show("串口初始为空");
                break;
            case -1:
                MessageBox.Show("串口无法打开");
                break;
        }
    }
// 读卡委托
    private void reader_Callback(string rfid)
    {
        if (!lstbox.Items.Contains(rfid))
        {
            //异步线程加Invoke控制UI控件
            this.Dispatcher.Invoke(() =>
            {
                lstbox.Items.Add(rfid);
                lblTotalPrice.Content = "总数：" + lstbox.Items.Count + "张";
            });
        }
    }
    //停止读取，即关闭连接
    private void btnStop_Click(object sender, RoutedEventArgs e)
    {
        if (reader != null)
        {
            btnRead.IsEnabled = true;
            reader.CloseDevice();
        }
    }
    //重写基类的窗口关闭，关闭时同时关闭设备连接
```

```
protected override void OnClosing(System.ComponentModel.CancelEventArgs e)
{
    btnStop_Click(null, null);
    base.OnClosing(e);
}
}
}
```

10）启动项目进行测试，就可以看到图8-8所示的界面。

（3）超高频桌面发卡

【例8-5】演示超高频桌面发卡器程序，读取多商品标签，其运行结果如图8-9所示。

图8-9　超高频桌面发卡器读取多标签

操作步骤如下：

1）添加一个"Demo8_5"WPF应用程序项目。

2）添加引用Srr1100U．dll、Srr110uLib．dll、RFIDLibrary，把SSUApiDesk．dll和Basic．dll类库复制到bin目录下。

3）在"MainWindow．xaml"中添加如下代码，完成界面制作，详细代码参考源文件。实现读取、停止、RFID读写功能。

```
<Window x:Class="Demo8_5.MainWindow"
    xmlns="http://schemas.microsoft.com/winfx/2006/xaml/presentation"
    xmlns:x="http://schemas.microsoft.com/winfx/2006/xaml"
    Title="超高频桌面发卡" Height="390" Width="420">
  <Grid>
    ......
  </Grid>
</Window>
```

4）在"MainWindow．xaml．cs"中编写按键的事件驱动，主要代码如下。其中，需引用Srr1100U和System．IO．Ports。

```
namespace Demo8_5
{
    public partial class MainWindow : Window
    {
        // 定义读卡器
        private SrrReader reader;
        public MainWindow()
        {
            InitializeComponent();
            this.Loaded += MainWindow_Loaded;
        }
        // 加载窗体
        void MainWindow_Loaded(object sender, RoutedEventArgs e)
        {
            //加载接入到计算机的所有串口号，并添加到下拉菜单中
            string[] arrPort = SerialPort.GetPortNames();
            foreach (var item in arrPort)
            {
                ddlPort.Items.Add(item);
            }
        }
        // 读取
        private void btnRead_Click(object sender, RoutedEventArgs e)
        {
            //判断是否选择了串口
            if (ddlPort.SelectedIndex < 0)
            {
                MessageBox.Show("请选择正确的串口");
                return;
            }
            //开始根据选取的串口实例化读卡器对象
            reader = new SrrReader(ddlPort.SelectedValue.ToString());
            //打开读卡器
            int flag = reader.ConnDevice();
            switch (flag)//判断打开状态
            {
                case 0://成功打开，可以读取
                    {
                        btnRead.IsEnabled = false;
                        //指定回调委托读卡
                        reader.Read(reader_Callback);
```

```
                }
                break;
            case −2:
                MessageBox.Show("串口初始为空");
                break;
            case −1:
                MessageBox.Show("串口无法打开");
                break;
        }
    }
    // 读卡委托
    private void reader_Callback(string rfid)
    {
        if (!lstbox.Items.Contains(rfid))
        {
            //异步线程加Invoke控制UI控件
            this.Dispatcher.Invoke(() =>
            {
                lstbox.Items.Add(rfid);
            });
        }
    }
    //停止读取，即关闭连接
    private void btnStop_Click(object sender, RoutedEventArgs e)
    {
        if (reader != null)
        {
            btnRead.IsEnabled = true;
            reader.CloseDevice();
        }
    }
    //重写基类的窗口关闭，关闭时同时关闭设备连接
    protected override void OnClosing(System.ComponentModel.CancelEventArgs e)
    {
        btnStop_Click(null, null);
        base.OnClosing(e);
    }
    private void btnSend_Click(object sender, RoutedEventArgs e)
    {
        Window1 win = new Window1();
        win.ShowDialog();
```

```
        }
    }
}
```

5）新建RFID读写窗体 "Window1.xaml"，完成界面制作，详细代码参考源文件。

```xml
<Window x:Class="Demo8_5.Window1"
        xmlns="http://schemas.microsoft.com/winfx/2006/xaml/presentation"
        xmlns:x="http://schemas.microsoft.com/winfx/2006/xaml"
        Title="中距离一体机DEMO" Height="350" Width="525" Loaded="Window_
Loaded">
    <Grid>
        ……
    </Grid>
</Window>
```

6）在"Window1.xaml.cs"中添加如下代码，需要引用RFIDLibrary、System. Threading和System.IO.Ports。

```csharp
namespace Demo8_5
{
    public partial class Window1 : Window
    {
        private RFIDHelper helper;          //RFID助手
        private Thread _timer;              //读RFID线程
        private bool _isStopRead = true;    //读取信号量
        private AutoResetEvent _eve = new AutoResetEvent(false);
        public Window1()
        {
            InitializeComponent();
            this.Loaded += Window1_Loaded;
        }
        void Window1_Loaded(object sender, RoutedEventArgs e)
        {
            //加载接入到计算机的所有串口号，并添加到下拉菜单中
            string[] arrPort = SerialPort.GetPortNames();
            foreach (string item in arrPort)
            {
                ddlPort.Items.Add(item);
            }
            InitReadThread();
        }
        // 初值化读取线程
        private void InitReadThread()
```

```
    {
        _timer = new Thread(new ParameterizedThreadStart((obj) =>
        {
            while (true)
            {
                if (_isStopRead)
                    _eve.WaitOne();
                try
                {
                    string uhfepc = helper.ReadEpcSection();
                    this.Dispatcher.Invoke(() =>
                    {
                        if (!lstBox.Items.Contains(uhfepc))
                        {
                            lstBox.Items.Add(uhfepc);
                        }
                    });
                }
                catch (Exception ex)
                {
                }
                Thread.Sleep(100);
            }
        })) { IsBackground = true };
        _timer.Start();
    }
// 打开/关闭串口
 private void btnOpen_Click(object sender, RoutedEventArgs e)
 {
     //判断是否选择了串口
     if (ddlPort.SelectedIndex < 0)
     {
         MessageBox.Show("请选择正确的串口");
         return;
     }
     //如果已经是打开状态，则关闭串口
     if (btnOpen.Content == "关闭")
     {
         if (helper != null)
         {
             helper.Close();
```

```
                lstBox.Items.Clear();
            }
            //重新将按钮设置为打开
            btnOpen.Content = "打开";
        }
        else
        {

            //开始根据串口实例化对象
            helper = new RFIDHelper(this.ddlPort.SelectedValue.ToString());
            string err = helper.Open();
            if (err != string.Empty)
            {
                MessageBox.Show(err);
                return;
            }
            //将按钮设置为关闭
            btnOpen.Content = "关闭";
        }
    }
    // 不断读取RFID标签
    private void btnQuery_Click(object sender, RoutedEventArgs e)
    {
        if (helper == null || !helper.IsOpen)
        {
            MessageBox.Show("请先打开串口");
            return;
        }
        if (btnQuery.Content.ToString() == "查询")
        {
            lstBox.Items.Clear();
            //读取信号量，让其线程开始读取
            _isStopRead = false;
            _eve.Set();
            btnQuery.Content = "停止";
        }
        else
        {
            //读取信号量,让线程进入等待
            _isStopRead = true;
            _eve.Reset();
            btnQuery.Content = "查询";
```

```
                }
            }
        // 写入价格
        private void btnWrite_Click(object sender, RoutedEventArgs e)
        {
            //验证
            if (lstBox.Items.Count == 0)
            {
                MessageBox.Show("请先查询标签");
                return;
            }
            if (lstBox.SelectedIndex < 0)
            {
                lstBox.SelectedIndex = 0;
            }
            //过滤掉特殊符号
            string strData = txtPrice.Text.Trim(" -+".ToCharArray());
            if (string.Empty == strData)
            {
                MessageBox.Show("请输入改价数字");
                return;
            }
            //开始写入
            BeginWrite(strData);
        }
        // 开始写数值
        private void BeginWrite(string strData)
        {
            //获取要进行写入的EPC标签
            string strEPC = lstBox.SelectedValue.ToString();
            byte[] arrEPC = helper.HexStringToByteArray(strEPC);//通过helper类的
HexStringToByteArray方法将十六进制字符串转换为二进制数组
            byte wordPtr = 0, men = 3, wordlen = 8;//分别代表写入起始位置，写的区域
（1：EPC 3：用户区），写的长度
            byte[] writeData;
            //写用户区
            float floPrice = 0;
            float.TryParse(strData, out floPrice);
            floPrice = (float)Math.Round(floPrice, 2);//若有小数点，则只保留两位
            string strtemp = floPrice.ToString();
            if (strtemp.IndexOf(".") > -1)//写用户名的最后一位需要补0
                strtemp += "0";
```

```
else
    strtemp += "000";
strtemp = strtemp.Replace(".", "");//写入时不要指定小数点字符
if (strtemp.Length > 8)
    strtemp.Substring(strtemp.Length - 8);
else if (strtemp.Length < 8)
    strtemp = strtemp.PadLeft(8, '0');
writeData = helper.HexStringToByteArray(strtemp);
int msg = helper.WriteSectionByte(arrEPC, wordPtr, writeData, men);
if (msg != 0)
{
    MessageBox.Show("写入失败");
    return;
}
//写EPC区
wordPtr = 2;//EPC从第二个位置开始写
men = 1;
strtemp = strData;
int pos = strtemp.IndexOf(".");//写EPC区，去掉小数点及后面的数字，且位数控制
成4位
if (pos > -1)
    strtemp = strtemp.Substring(0, pos);
pos = strtemp.Length;
if (pos > 4)
    strtemp = strtemp.Substring(pos - 4);
UInt16 intPrice = 0;
UInt16.TryParse(strtemp, out intPrice);
byte[] bt = BitConverter.GetBytes(intPrice);
Array.Reverse(bt);//高低位反转
writeData = new byte[wordlen];//要写入的EPC数组
for (int no = bt.Length - 1; no >= 0; no--)//将价格数组导入到EPC数组
{
    writeData[wordlen - 2] = bt[no];
    wordlen--;
}
msg = helper.WriteSectionByte(arrEPC, wordPtr, writeData, men);
if (msg != 0)
    MessageBox.Show("写入失败！");
else
{
    strEPC = helper.ByteArrayToHexString(writeData);
    FlushCtrl(strEPC);
```

```
            }
        }
        //写价格后刷新界面
        private void FlushCtrl(string strEPC)
        {
            string sourEPC = lstBox.SelectedValue.ToString();
            for (int no = 0; no < lstBox.Items.Count; no++)
            {
                if (lstBox.Items[no].ToString() == sourEPC)
                {
                    if (lstBox.Items[no].ToString().Length <= strEPC.Length)
                        lstBox.Items[no] = strEPC;
                    else//如果原EPC长度等于现有长度，则进行处理
lstBox.Items[no] = strEPC + lstBox.Items[no].ToString().Substring(strEPC.Length);
                }
            }
        }
    }
```

7）启动项目进行测试，就可以看到图8-9所示的界面。

【例8-6】在使用WPF开发的小区物业监控系统中，完成充值、打印及充值小票查询记录功能，其运行结果如图8-10和图8-11所示。

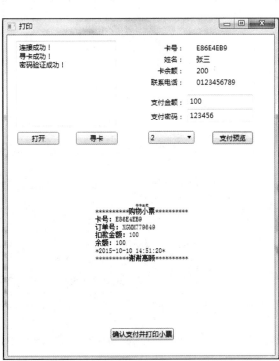

图8-10　桌面读卡器充值　　　　　　　　图8-11　桌面读卡器打印及查询记录

操作步骤如下：

1）添加一个"Demo8_6"WPF应用程序项目。

2）添加引用MWRDemoDll.dll。

3）在"MainWindow.xaml"中添加如下代码，完成界面制作，详细代码参考源文件。实现读取、停止、发卡功能。

```
<Window x:Class=" Demo8_6.MainWindow"
        xmlns=" http://schemas.microsoft.com/winfx/2006/xaml/presentation"
        xmlns:x=" http://schemas.microsoft.com/winfx/2006/xaml"
        Title=" 充值" Height=" 400" Width=" 525" >
    <Grid>
        ……
    </Grid>
</Window>
```

4）在"MainWindow.xaml.cs"中添加如下代码，需要引用MWRDemoDll。

```
namespace Demo8_6
{
    public partial class MainWindow : Window
    {
        public MainWindow()
        {
            InitializeComponent();
            this.Loaded += MainWindow_Loaded;
        }
        void MainWindow_Loaded(object sender, RoutedEventArgs e)
        {
            //根据卡的区域块数据类型创建Array数组
            Array values = Enum.GetValues(typeof(CardDataKind));
            //遍历Array数组
            foreach (object obj2 in values)
            {
                if (((int)obj2) != 0)
                {
                    //将值添加到下拉列表框中用于选择
                    this.ddlCardKind.Items.Add((int)obj2);
                }
            }
            //如果下拉列表框中的项目数大于0，则表示有选择项
            if (this.ddlCardKind.Items.Count > 0)
```

```
        {
            //下拉列表框中有选择项，则将选择的项索引设置为1，即选中第一项
            this.ddlCardKind.SelectedIndex = 1;
        }
    }
    //关闭
private void Window_Closing(object sender, System.ComponentModel.CancelEventArgs e)
    {
        //关闭窗口时，断开设备连接
        MifareRFEYE.Instance.CloseDevice();
    }
    #region 控件事件
    private void btnConnDevice_Click(object sender, RoutedEventArgs e)
    {
        ConnDevice();
    }
    private void btnSearch_Click(object sender, RoutedEventArgs e)
    {
        //将文本框txtMessage的文本设置为空
        txtMessage.Text = string.Empty;
        Search();
    }
    private void btnVerifyCardPwd_Click(object sender, RoutedEventArgs e)
    {
        //获取选择的区域
        CardDataKind data = CardDataKind.Data3;
        //将下拉列表框中选择的值转换为CardDataKind类型，赋值给data
        Enum.TryParse<CardDataKind>(this.ddlCardKind.SelectedValue.ToString(), out data);
        //确认输入的密码，返回ResultMessage模型
        ResultMessage ret = MifareRFEYE.Instance.AuthCardPwd(txtCardPwd.Text, data);
        //ret.Result == Result.Success表示执行成功，Result为执行状态枚举
        if (ret.Result == Result.Success)
        {
            txtMessage.Text += "密码验证成功！" + "\n";
        }
        else
            MessageBox.Show("密码验证失败！");
    }
    private void btnSendCard_Click(object sender, RoutedEventArgs e)
    {
        //发卡前验证输入信息
```

```csharp
if (string.IsNullOrEmpty(txtName.Text.Trim()))
{
    MessageBox.Show("请输入姓名！");
    return;
}
int balance;
if (!int.TryParse(txtBalance.Text.Trim(), out balance))
{
    MessageBox.Show("请输入正确的卡余额！卡余额为正整数。");
    return;
}
long tel;
if (!long.TryParse(txtTel.Text.Trim(), out tel))
{
    MessageBox.Show("请输入正确的电话号码！");
    return;
}
if (string.IsNullOrEmpty(txtPwd.Text.Trim()))
{
    MessageBox.Show("请输入卡密码！");
    return;
}
//写入信息
if (WriteInfo() == true)
{
    //读取卡中余额
    ReadBalance();
    SetControlsStatus(false);
    btnRecharge.IsEnabled = true;
}
else
{
    btnVerifyCardPwd.IsEnabled = true;
}
}

private void btnRecharge_Click(object sender, RoutedEventArgs e)
{
    //充值金额
    int rechargePrice;
    if (!int.TryParse(txtRechargePrice.Text, out rechargePrice))
```

```
        {
                MessageBox.Show("请输入正确的充值金额！充值金额为正整数。");
                return;
        }
        //获取选择的区域
        CardDataKind data = CardDataKind.Data3;
        //将下拉列表框中选择的值转换为CardDataKind类型，赋值给data
        Enum.TryParse<CardDataKind>(this.ddlCardKind.SelectedValue.ToString(), out data);
        //确认输入的密码
        ResultMessage ret = MifareRFEYE.Instance.AuthCardPwd(txtCardRechargePwd.
Text, data);
        if (ret.Result == Result.Success)
        {
                Recharge(rechargePrice, data);
                ReadBalance();
                //防止单击两次
                btnRecharge.IsEnabled = false;
                SetControlsStatus(false);
        }
        else
                MessageBox.Show("密码验证失败！");
}
// 启用或禁用控件
private void SetControlsStatus(bool isEnabled)
{
        //设置控件的启用或禁用
        btnSendCard.IsEnabled = isEnabled;
        btnVerifyCardPwd.IsEnabled = isEnabled;
}
#endregion
#region 设备操作
private void ConnDevice()
{
        //打开设备，返回ResultMessage模型
        ResultMessage ret = MifareRFEYE.Instance.ConnDevice();
        //ret.Result == Result.Success表示执行成功，Result为执行状态枚举
        if (ret.Result == Result.Success)//成功
        {
                txtMessage.Text += "连接成功！" + "\n";
                btnSearch.IsEnabled = true;
        }
        else
```

```
        {
            //ret.OutInfo为输出的信息或运行错误信息
            txtMessage.Text += ret.OutInfo + "\n";
            return;
        }
    }
    private void Search()
    {
        //寻卡,返回ResultMessage模型
        ResultMessage ret = MifareRFEYE.Instance.Search();
        //ret.Result == Result.Success表示执行成功,Result为执行状态枚举
        if (ret.Result == Result.Success)//成功
        {
            txtMessage.Text += "寻卡成功!" + "\n";
            SetControlsStatus(true);
        }
        else
        {
            //ret.OutInfo为输出的信息或运行错误信息
            txtMessage.Text += ret.OutInfo + "\n";
            return;
        }
    }
    // 写入信息
        private bool WriteInfo()
    {
        //获取选择的区域,默认读第一块
        CardDataKind data = CardDataKind.Data1;
        //将下拉列表框中选择的值转换为CardDataKind类型,赋值给data
        Enum.TryParse<CardDataKind>(this.ddlCardKind.SelectedValue.ToString(), out data);
        //写入密码
        ResultMessage ret = MifareRFEYE.Instance.ChanagePwd(txtPwd.Text, data);
        if (ret.Result != Result.Success)
        {
            txtMessage.Text += ret.OutInfo + "若密码不是原始密码,请先验证密码后发
卡\n";
            return false;
        }
        //写入姓名
        int num = MifareRFEYE.Instance.WriteString(data, this.txtName.Text.Trim(), 0,
Encoding.UTF8);
        if (num != 0)
```

```
    {
        txtMessage.Text += "写入姓名失败！\n";
        return false;
    }
    //写入卡当前余额
    num = MifareRFEYE.Instance.WriteString(data, this.txtBalance.Text.Trim(), 1);
    if (num != 0)
    {
        txtMessage.Text += "写入卡余额失败！\n";
        return false;
    }
    //写入电话号码
    num = MifareRFEYE.Instance.WriteString(data, this.txtTel.Text.Trim(), 2);
    if (num != 0)
    {
        txtMessage.Text += "写入电话号码失败！\n";
        return false;
    }
    txtMessage.Text += "发卡成功！\n";
    return true;

}
//读取卡余额
private int ReadBalance()
{
    //获取选择的区域
    CardDataKind data = CardDataKind.Data3;
    //将下拉列表框中选择的值转换为CardDataKind类型
    Enum.TryParse<CardDataKind>(this.ddlCardKind.SelectedValue.ToString(), out data);
    //读取字符串数据
    string newItem = MifareRFEYE.Instance.ReadString(data, 1);
    //读取信息成功则显示，并返回值
    if (null == newItem)
    {
        txtMessage.Text += "读取卡余额失败！\n";
        //不成功则返回-1
        return -1;
    }
    //传唤返回的值
    int balance;
    int.TryParse(newItem, out balance);
```

```
            //设置文本框显示的文字
            txtMessage.Text += "卡当前余额: " + balance + "\n";
            return balance;
        }
        // 充值
         private void Recharge(int rechargePrice, CardDataKind data)
        {
            //卡余额
            int cardBalance = ReadBalance();
            if (cardBalance != -1)
            {
                int balance = cardBalance + rechargePrice;
                //写入卡当前余额，成功则返回0
                int num = MifareRFEYE.Instance.WriteString(data, balance.ToString(), 1);
                if (num != 0)
                {
                    txtMessage.Text += "写入卡余额失败! \n";
                }
                else
                {
                    txtMessage.Text += "充值成功! \n";
                }
            }
        }
        #endregion
        private void btnPrint_Click(object sender, RoutedEventArgs e)
        {
            Window1 win = new Window1();
            win.ShowDialog();
        }
    }
}
```

5）新建打印窗体"Window1.xaml"，在其中添加如下代码，完成界面制作，详细代码参考源文件。

```xml
<Window x:Class="Demo8_6.Window1"
        xmlns="http://schemas.microsoft.com/winfx/2006/xaml/presentation"
        xmlns:x="http://schemas.microsoft.com/winfx/2006/xaml"
        Title="打印" Height="600" Width="500">
    <Grid>
        ......
    </Grid>
```

</Window>

6）在"Window1.xaml.cs"中添加如下代码，需要引用MWRDemoDll。

```
namespace Demo8_6
{
    public partial class Window1:Window
    {
        // 要写的区域，默认写第一块
        CardDataKind dataKind = CardDataKind.Data2;
        public Window1()
        {
            InitializeComponent();
            this.Loaded += Window1_Loaded;
        }
        void Window1_Loaded(object sender, RoutedEventArgs e)
        {
            //根据卡的区域块数据类型创建Array数组
            Array values = Enum.GetValues(typeof(CardDataKind));
            //遍历Array数组
            foreach (object obj2 in values)
            {
                if (((int)obj2) != 0)
                {
                    //将值添加到下拉列表框中用于选择
                    this.ddlCardKind.Items.Add((int)obj2);
                }
            }
            //如果下拉列表框中的项目数大于0，则表示有选择项
            if (this.ddlCardKind.Items.Count > 0)
            {
                //下拉列表框中有选择项，则将选择的项索引设置为1，即选中第一项
                this.ddlCardKind.SelectedIndex = 1;
            }
        }
        private void ddlCardKind_SelectionChanged(object sender, SelectionChangedEventArgs e)
        {
            //将下拉列表框中选择的值转换为CardDataKind类型，赋值给dataKind
            Enum.TryParse<CardDataKind>(this.ddlCardKind.SelectedValue.ToString(), out dataKind);
        }
        private void btnConnDevice_Click(object sender, RoutedEventArgs e)
        {
            ConnDevice();
```

```csharp
}
private void btnSearch_Click(object sender, RoutedEventArgs e)
{
    //验证是否输入密码，寻卡前需要验证密码，用于读取卡信息
    if (string.IsNullOrEmpty(txtPayPwd.Text))
    {
        MessageBox.Show("请先输入密码，以便显示卡信息！");
        return;
    }
    Search();
    //密码验证失败则返回
    if (VerifyPwd() == false)
    {
        return;
    }
    //读取卡信息
    ReadCardInfo();
    //启用btnPaymentPreview按钮
    btnPaymentPreview.IsEnabled = true;
}
private void btnPaymentPreview_Click(object sender, RoutedEventArgs e)
{
    ShowBill();
    //启用btnPayPrint按钮
    btnPayPrint.IsEnabled = true;
}
private void btnPayPrint_Click(object sender, RoutedEventArgs e)
{
    //防止预览后修改扣款金额使得打印的票据不正确
    ShowBill();
    //转换输入的支付金额，赋值给paymentPrice
    int paymentPrice;
    if (!int.TryParse(txtPaymentPrice.Text, out paymentPrice))
    {
        MessageBox.Show("请输入正确的支付金额！");
        return;
    }
    //判断支付结果，支付失败则弹出提示
    if (Payment(paymentPrice) == false)
    {
        MessageBox.Show("支付失败！");
```

```
            return;
        }
        //打印小票
        PrintDialog printDialog = new PrintDialog();
        //printDialog.ShowDialog()显示打印窗口
        if (printDialog.ShowDialog() == true)
        {
            //设置打印内容
            printDialog.PrintVisual(sapBill, "付费小票");
        }
        //禁用btnPayPrint按钮
        btnPayPrint.IsEnabled = false;
    }
// 预览小票信息
    private void ShowBill()
    {
        //验证输入
        if (string.IsNullOrEmpty(txtPaymentPrice.Text))
        {
            MessageBox.Show("请输入支付金额！");
            return;
        }
        if (string.IsNullOrEmpty(txtPayPwd.Text))
        {
            MessageBox.Show("请输入支付密码！");
            return;
        }
        int paymentPrice;
        if (!int.TryParse(txtPaymentPrice.Text, out paymentPrice) || paymentPrice <= 0)
        {
            MessageBox.Show("请输入正确的支付金额！");
            return;
        }
        int balance;
        if (!int.TryParse(lblBalance.Content.ToString(), out balance))
        {
            txtMessage.Text += "余额获取错误！\n";
            return;
        }
        if (balance < paymentPrice)
        {
```

```csharp
            txtMessage.Text += "余额不足！\n";
            return;
        }
        //计算付款后的余额
        balance -= paymentPrice;
        //创建订单号
        string orderNo = CreateOrderNo();
        txbBillInfo.Text = "**********购物小票**********\n";
        txbBillInfo.Text += "卡号：" + EncryptionCardNo() + "\n";
        txbBillInfo.Text += "订单号：" + orderNo + "\n";
        txbBillInfo.Text += "扣款金额：" + paymentPrice.ToString() + "\n";
        txbBillInfo.Text += "余额：" + balance.ToString() + "\n";
        txbBillInfo.Text += DateTime.Now.ToString("*yyyy-MM-dd HH:mm:ss*\n");
        txbBillInfo.Text += "**********谢谢惠顾**********";
    }
// 加密卡号，卡号前4位使用*号显示
private string EncryptionCardNo()
    {
        //获取卡号
        string cardNo = lblCardNo.Content.ToString();
        //如果卡号长度大于8
        if (cardNo.Length >= 8)
        {
            //Remove()——移除前4位字符
            //PadLeft()——字符串左边用*号补齐
            cardNo.Remove(0, 4).PadLeft(cardNo.Length, '*');
        }
        return cardNo;
    }
// 创建卡号，XGMM+6位随机数
 private string CreateOrderNo()
    {
        Random random = new Random();
        return "XGMM" + random.Next(100000, 999999).ToString();
    }
    #region 设备操作
    // 打开设备
private void ConnDevice()
    {
        //打开设备，返回ResultMessage模型
        ResultMessage ret = MifareRFEYE.Instance.ConnDevice();
```

```
        //ret.Result == Result.Success表示执行成功，Result为执行状态枚举
        if (ret.Result == Result.Success))//成功
        {
            txtMessage.Text += "连接成功！" + "\n";
            btnSearch.IsEnabled = true;
        }
        else
        {
            //ret.OutInfo为输出的信息或运行错误信息
            txtMessage.Text += ret.OutInfo + "\n";
            return;
        }
    }
// 寻卡
private void Search()
    {
        //寻卡，返回ResultMessage模型
        ResultMessage ret = MifareRFEYE.Instance.Search();
        //ret.Result == Result.Success表示执行成功，Result为执行状态枚举
        if (ret.Result == Result.Success))//成功
        {
            lblCardNo.Content = ret.Model;
            txtMessage.Text += "寻卡成功！" + "\n";
        }
        else
        {
            txtMessage.Text += ret.OutInfo + "\n";
            return;
        }
    }
// 验证密码
private bool VerifyPwd()
{
    //确认输入的密码
    ResultMessage ret = MifareRFEYE.Instance.AuthCardPwd(txtPayPwd.Text, dataKind);
    if (ret.Result == Result.Success)
    {
        txtMessage.Text += "密码验证成功！" + "\n";
        return true;
    }
    else
```

```csharp
        {
            MessageBox.Show("密码验证失败！");
            return false;
        }
    }
// 读取卡信息
    private void ReadCardInfo()
    {
        //读取卡信息
        string retData = MifareRFEYE.Instance.ReadString(dataKind, 0, Encoding.UTF8);
        //读取信息成功则显示，并返回值
        if (string.IsNullOrEmpty(retData) == false)
        {
            lblName.Content = retData;
        }
        else
        {
            txtMessage.Text += "读取姓名错误！\n";
        }
        retData = MifareRFEYE.Instance.ReadString(dataKind, 1);
        //读取信息成功则显示，并返回值
        if (string.IsNullOrEmpty(retData) == false)
        {
            lblBalance.Content = retData;
        }
        else
        {
            txtMessage.Text += "读取余额错误！\n";
        }
        retData = MifareRFEYE.Instance.ReadString(dataKind, 2);
        //读取信息成功则显示，并返回值
        if (string.IsNullOrEmpty(retData) == false)
        {
            lblTel.Content = retData;
        }
        else
        {
            txtMessage.Text += "读取联系电话错误！\n";
        }
    }
    // 支付
```

```
private bool Payment(int paymentPrice)
{
    //获取卡余额
    int cardBalance = ReadBalance();
    if (cardBalance != -1)
    {
        int balance = cardBalance - paymentPrice;
        //写入卡当前余额
        int num = MifareRFEYE.Instance.WriteString(dataKind, balance.ToString(), 1);
        if (num != 0)
        {
            txtMessage.Text += "写入卡余额失败！\n";
            return false;
        }
        else                    {
            txtMessage.Text += "支付成功！所剩余额" + balance + "\n";
            lblBalance.Content = balance;
            return true;
        }
    }
    else
    {
        return false;
    }
}
// 读取卡余额
private int ReadBalance()
{
    //读取指定扇区块1数据
    string data = MifareRFEYE.Instance.ReadString(dataKind, 1);
    //读取信息成功则显示，并返回值
    if (string.IsNullOrEmpty(data) != false)
    {
        txtMessage.Text += "读取卡余额失败！\n";
        //不成功则返回-1
        return -1;
    }
    //传输返回的值
    int balance;
    if (int.TryParse(data, out balance))
    {
```

```
        txtMessage.Text +=  "卡当前余额:" + data + "\n";
        return balance;
    }
    else
    {
        txtMessage.Text += "卡余额格式不正确!" + "\n";
        //不成功则返回-1
        return -1;
    }
}
#endregion
}
}
```

7）启动项目进行测试，操作顺序如下：打开、寻卡、验证密码、发卡、充值，即可看到图8-10和图8-11所示的界面。

4. 门口路灯模块实现

【例8-7】在使用WPF开发的小区物业监控系统中，实现开关灯功能，分为"手工开启"和"自动按时间段开启"两种，其运行结果如图8-12所示。

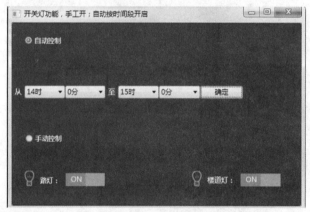

图8-12　开关灯功能

操作步骤如下：

1）新建一个"Dome_8_7" WPF应用程序项目。

2）在Common文件夹下，新建一个四模拟量的工具类（ADAM4150.cs），实现火焰、烟雾、人体红外、红外对射采集，以及路灯、楼道灯、火警控制，默认是直连COM1端口。

```
namespace Demo8_7
{
    public class ADAM4150
    {
```

```csharp
public SerialPort CurrentSerialPort = null;
public object mOpenLock = new object();
// 火焰
public bool fireValue;
// 烟雾
public bool smokeValue;
// 人体红外
public bool bodyInfraredValue;
// 红外对射
public bool infraredValue;
//路灯开关命令
byte[] onStreetLamp = new byte[] { 0x01, 0x05, 0x00, 0x12, 0xFF, 0x00, 0x2C, 0x3F };
byte[] offStreetLamp = new byte[] { 0x01, 0x05, 0x00, 0x12, 0x00, 0x00, 0x6D, 0xCF };
//楼道灯开关命令
byte[] onCorridorLamp = new byte[] { 0x01, 0x05, 0x00, 0x11, 0xFF, 0x00, 0xDC, 0x3F };
byte[] offCorridorLamp = new byte[] { 0x01, 0x05, 0x00, 0x11, 0x00, 0x00, 0x9D, 0xCF };
//火警开关命令
byte[] onAlarmLamp = new byte[] { 0x01, 0x05, 0x00, 0x10, 0xFF, 0x00, 0x8D, 0xFF };
byte[] offAlarmLamp = new byte[] { 0x01, 0x05, 0x00, 0x10, 0x00, 0x00, 0xCC, 0x0F };
// 构造函数
public ADAM4150(string strCom = "COM1", int baudRate = 9600)
{
    CurrentSerialPort = new SerialPort();
    CurrentSerialPort.PortName = strCom;
    CurrentSerialPort.BaudRate = baudRate;
}
// 打开串口
public bool Open()
{
    if (!CurrentSerialPort.IsOpen)
    {
        //打开串口
        lock (mOpenLock)
        {
            if (!CurrentSerialPort.IsOpen)
            {
                try
                {
                    CurrentSerialPort.Open();
                }
                catch (Exception ex)
```

```
                    {
                        System.Windows.MessageBox.Show(ex.Message);
                        return false;
                    }
                }
            }
        }
        return CurrentSerialPort.IsOpen;
    }
    // 关闭串口
    public void Close()
    {
        if (CurrentSerialPort.IsOpen)
        {
            lock (mOpenLock)
            {
                if (CurrentSerialPort.IsOpen)
                {
                    CurrentSerialPort.Close();
                }
            }
        }
    }
    // 获取设置四模拟量的值
    public void SetData()
    {
        byte[] buffer = new byte[] { 0x01, 0x01, 0x00, 0x00, 0x00, 0x07, 0x7D, 0xC8 };
        Write(buffer, 0, buffer.Length);
        byte[] data = GetByteData();//
        if (data != null)
        {
            byte[] results = data;
            char[] statusValue = ToBinary7(results[3]);
            statusValue = statusValue.Reverse().ToArray();
            infraredValue = statusValue[4].ToString().Equals( "1" );
            smokeValue = statusValue[2].ToString().Equals( "1" );
            fireValue = statusValue[1].ToString().Equals( "1" );
            //人体红外要想做相反处理，程序中的 "0" 和 "1" 的表示正好相反
            bodyInfraredValue = statusValue[0].ToString().Equals( "0" );
        }
    }
```

```csharp
// 写入数据
private void Write(byte[] buffer, int offs, int count)
{
    //清除缓冲区
    CurrentSerialPort.DiscardInBuffer();
    CurrentSerialPort.Write(buffer, offs, count);
}
// 获取串口数据
private byte[] GetByteData()
{
    Open();
    int bufferSize = CurrentSerialPort.BytesToRead;
    if (bufferSize <= 0)
        return null;
    byte[] readBuffer = new byte[bufferSize];
    int count = CurrentSerialPort.Read(readBuffer, 0, bufferSize);
    Close();
    return readBuffer;
}
// 控制路灯
public void ControlStreetLamp(bool onOfff)
{
    if (onOfff)
    {
        Write(onStreetLamp, 0, onStreetLamp.Length);
    }
    else
    {
        Write(offStreetLamp, 0, onStreetLamp.Length);
    }
    System.Threading.Thread.Sleep(500);
}
// 控制楼道灯
public void ControlCorridorLamp(bool onOfff)
{
    if (onOfff)
    {
        Write(onCorridorLamp, 0, onCorridorLamp.Length);
    }
    else
    {
```

```
                    Write(offCorridorLamp, 0, onCorridorLamp.Length);
                }
        }
        // 控制火警
        public void ControlAlarmLamp(bool onOfff)
        {
            if (onOfff)
            {                    Write(onAlarmLamp, 0, onAlarmLamp.Length);
            }
            else
            {
                Write(offAlarmLamp, 0, onAlarmLamp.Length);
            }
        }
        private char[] ToBinary7(int value)
        {
            char[] chars = new char[7];
            value = value & 0xFF;
            for (int i = 6; i >= 0; i--)
            {
                chars[i] = (value % 2 == 1) ? '1' : '0';
                value /= 2;
            }
            return chars;
        }
    }
}
```

3）在"MainWindow.xaml"中添加如下代码，完成界面制作，详细代码参考源文件。实现自动、手动控制路灯功能。

```
<Window x:Class=" Demo8_7.MainWindow"
        xmlns=" http://schemas.microsoft.com/winfx/2006/xaml/presentation"
        xmlns:x=" http://schemas.microsoft.com/winfx/2006/xaml"
        Title="开关灯功能，手工开；自动按时间段开启" Height=" 350" Width=" 525">
    <Grid>
        ……
        </Grid>
    </Grid>
</Window>
```

4）在"MainWindow.xaml.cs"中添加如下代码：

```
namespace Demo8_7
```

```
{
    public partial class MainWindow : Window
    {
        ADAM4150 adam4150 = null;
        private bool streetLampStatus = false;
        private bool corridorLampStatus = false;
        public MainWindow()
        {
            InitializeComponent();
            this.Loaded += MainWindow_Loaded;
        }
        void MainWindow_Loaded(object sender, RoutedEventArgs e)
        {
            InitStatus();
            SetButton(true);
            rdoManual.IsChecked = true;
            if (adam4150 == null)
            {
                string comStr = ConfigurationManager.AppSettings[ "ComStr" ].ToString();
                adam4150 = new ADAM4150(comStr);
                adam4150.Open();
                adam4150.SetData();
            }
        }
        // 绑定时间
        private void InitStatus()
        {
            for (int i = 0; i <= 23; i++)
            {
                KeyValuePair<string, int> pair = new KeyValuePair<string, int>(i + "时", i);
                cmbStartHour.Items.Add(pair);
                cmbEndHour.Items.Add(pair);
            }
            for (int i = 0; i < 60; i += 15)
            {
                KeyValuePair<string, int> pair = new KeyValuePair<string, int>(i + "分", i);
                cmbStartMinute.Items.Add(pair);
                cmbEndMinute.Items.Add(pair);
            }
            cmbStartHour.SelectedIndex = DateTime.Now.Hour;
            cmbStartMinute.SelectedIndex = 0;
```

```csharp
            cmbEndHour.SelectedIndex = DateTime.Now.Hour + 1;
            cmbEndMinute.SelectedIndex = 0;
        }
        #region 操作灯
        private void imgStreetLamp_MouseLeftButtonUp(object sender, MouseButtonEventArgs e)
        {
            streetLampStatus = !streetLampStatus;
            OnOffStreetLamp(streetLampStatus);
        }
        private void imgStreetLampSwitch_MouseLeftButtonUp(object sender,
MouseButtonEventArgs e)
        {
            streetLampStatus = !streetLampStatus;
            OnOffStreetLamp(streetLampStatus);
        }
        private void imgCorridorLamp_MouseLeftButtonUp(object sender, MouseButtonEventArgs e)
        {
            corridorLampStatus = !corridorLampStatus;
            OnOffCorridorLamp(corridorLampStatus);
        }
        private void imgCorridorLampSwitch_MouseLeftButtonUp(object sender,
MouseButtonEventArgs e)
        {
            corridorLampStatus = !corridorLampStatus;
            OnOffCorridorLamp(corridorLampStatus);
        }
        // 路灯
        private void OnOffStreetLamp(bool onOff)
        {
            if (ControlStreetLamp(onOff))
            {
                SetImageAndStatus(imgStreetLamp, imgStreetLampSwitch, onOff);
            }
        }
        // 楼道灯
        private void OnOffCorridorLamp(bool onOff)
        {
            if (ControlCorridorLamp(onOff))
            {
                SetImageAndStatus(imgCorridorLamp, imgCorridorLampSwitch, onOff);
            }
        }
```

```csharp
        private bool ControlStreetLamp(bool onOff)
        {
            try
            {
                adam4150.ControlStreetLamp(onOff);
                return true;
            }
            catch (Exception ex)
            {
                MessageBox.Show(ex.Message);
                return false;
            }
        }
        private bool CotronCorridorLamp(bool onOff)
        {
            try
            {
                adam4150.ControlCorridorLamp(onOff);
                return true;
            }
            catch (Exception ex)
            {
                MessageBox.Show(ex.Message);
                return false;
            }
        }
        // 设置图片切换
        private void SetImageAndStatus(Image imgLamp, Image imgLampSwitch, bool status)
        {
            if (status == true)
            {
                imgLamp.Source = new BitmapImage(new Uri("Images/lamp_on.png", UriKind.Relative));
                imgLampSwitch.Source = new BitmapImage(new Uri("Images/btn_switch_on.png", UriKind.Relative));
            }
            else
            {
                imgLamp.Source = new BitmapImage(new Uri("Images/lamp_off.png", UriKind.Relative));
                imgLampSwitch.Source = new BitmapImage(new Uri("Images/btn_switch_off.png", UriKind.Relative));
```

```
            }
        }
    // 手动开启
    private void rdoManual_Checked(object sender, RoutedEventArgs e)
    {
        SetButton(true);
    }
    // 自动开启
    private void rdoAuto_Checked(object sender, RoutedEventArgs e)
    {
        if (rdoAuto.IsChecked == false)
        {
            return;
        }
        SetButton(false);
    }
    // 设置按钮状态
    private void SetButton(bool p)
    {
        //rdoAuto.IsEnabled = !p;
        //rdoManual.IsEnabled = p;
        //cmbStartHour.IsEnabled = !p;
        //cmbEndHour.IsEnabled = !p;
        //cmbEndMinute.IsEnabled = !p;
        //cmbStartMinute.IsEnabled = !p;
        imgCorridorLamp.IsEnabled = p;
        imgStreetLamp.IsEnabled = p;
        imgStreetLampSwitch.IsEnabled = p;
        imgCorridorLampSwitch.IsEnabled = p;
    }
    // 是否开启（指定时间段内）
    private bool IsOpenLampTime()
    {
        int startHour = ((KeyValuePair<string, int>)cmbStartHour.SelectedValue).Value;
        int starttMinute = ((KeyValuePair<string, int>)cmbStartMinute.SelectedValue).Value;
        int endHour = ((KeyValuePair<string, int>)cmbEndHour.SelectedValue).Value;
        int endMinute = ((KeyValuePair<string, int>)cmbEndMinute.SelectedValue).Value;
        TimeSpan startTimeSpan = new TimeSpan(DateTime.Now.Day, startHour,
starttMinute, 0);
        TimeSpan endTimeSpan = new TimeSpan(DateTime.Now.Day, endHour,
endMinute, 0);
        TimeSpan nowTimeSpan = new TimeSpan(DateTime.Now.Day, DateTime.Now.
```

Hour, DateTime.Now.Minute, 0);

```
                if (startTimeSpan > endTimeSpan)
                {
                    endTimeSpan = endTimeSpan.Add(new TimeSpan(1, 0, 0, 0));
                }
                if (startTimeSpan < nowTimeSpan && endTimeSpan > nowTimeSpan)
                {
                    return true;
                }
                else
                {
                    return false;
                }
            }
            private void btnEnter_Click(object sender, RoutedEventArgs e)
            {
                if (IsOpenLampTime())
                {
                    OnOffStreetLamp(true); .
                    OnOffCorridorLamp(true);
                }
                else
                {
                    OnOffStreetLamp(false);
                    OnOffCorridorLamp(false);
                }
            }
        }
    }
```

5）启动项目进行测试，只要当前时间在设置的区间内便会自动开启，就可以看到图8-12所示的界面。

5．社区安防模块实现

【例8-8】在使用WPF开发的小区物业监控系统中，根据红外对射的反馈，将信息推送至LED，其运行结果如图8-13所示。

图8-13　将信息推送至LED

操作步骤如下：

1）新建一个"Dome8_8"WPF应用程序项目。

2）添加引用ComLibrary.dll、LEDLibrary、Comm.Utils、Comm.Bus.dll、Comm.Sys.dll。

3）在"MainWindow.xaml"中添加如下代码，完成界面制作，详细代码参考源文件。

```
<Window x:Class="Demo8_8.MainWindow"
        xmlns="http://schemas.microsoft.com/winfx/2006/xaml/presentation"
        xmlns:x="http://schemas.microsoft.com/winfx/2006/xaml"
        Title="MainWindow" Height="100" Width="450">
    <Grid>
        ……
    </Grid>
</Window>
```

4）在"MainWindow.xaml.cs"中添加如下代码，实现获取人体红外感应，发送消息到LED显示。

```
namespace Demo8_8
{
    public partial class MainWindow : Window
    {
        private Adam4150 ADAM4150Provider = null;
        public MainWindow()
        {
            InitializeComponent();
            this.Loaded += MainWindow_Loaded;
        }
        void MainWindow_Loaded(object sender, RoutedEventArgs e)
        {
            ADAM4150Provider = new Adam4150();
            if (!ADAM4150Provider.IsOpen)
            {
                string adamCom = System.Configuration.ConfigurationManager.AppSettings["AdamCom"].ToString();
                ADAM4150Provider.Open(adamCom);
            }
        }
        private void btnGet_Click(object sender, RoutedEventArgs e)
        {
            bool isHaveHuman = ADAM4150Provider.getAdam4150_DIValue(-1).Value;
            lblBodyInfrared.Content = isHaveHuman == false ? "一切正常" : "有人入侵";
```

```
                SendLed(lblBodyInfrared.Content.ToString());
        }
        private void SendLed(string msg)
        {
                string ledCom = System.Configuration.ConfigurationManager.AppSettings["LedCom"].
ToString();
                LEDPlayer led = new LEDPlayer(ledCom);
                string result = led.DisplayText(msg);
                if (result != "")
                        MessageBox.Show(result);
        }
    }
}
```

5）启动项目进行测试，就可以看到图8-13所示的界面。

6．公共广播模块实现

【例8-9】在使用WPF开发的小区物业监控系统中，将"天气预报信息"由服务器推送，多个客户端接收，其运行结果如图8-14和图8-15所示。

图8-14　服务器端推送公共广播信息

图8-15　客户端接收公共广播信息

操作步骤如下：

1）新建一个"Demo8_9Server"WPF应用程序项目。

2）添加引用Comm. Utils、Comm. Bus. dll、Comm. Sys. dll。

3）新建一个"TcpHelper. cs"类，通过TCP/IP实现推送公共广播信息到客户端，添加的代码如下：

```
namespace Demo8_9Server
{
    public class TcpHelper
    {
        private static Comm.Utils.TcpServer _TcpMsgServer;
        public static string SendtMsg { get; set; }
```

```csharp
        private int port = Convert.ToInt32(System.Configuration.ConfigurationManager.
AppSettings["port"].ToString());
        public static List<string> StringList = new List<string>();
        public TcpHelper()
        {
            if (_TcpMsgServer != null)
            {
                _TcpMsgServer.Stop();
            }
            else
            {
                _TcpMsgServer = new TcpServer(NetHelper.GetLocalNetworkIP(), port,
Encodingkind.UTF8);
                _TcpMsgServer.Start();
            }
        }
        // Socket发送消息
        public static void SendText(string msg)
        {
            if (string.IsNullOrEmpty(msg))
            {
                return;
            }
            if (_TcpMsgServer.SessionTable != null && _TcpMsgServer.SessionTable.Count > 0)
            {
                foreach (var sessionItem in _TcpMsgServer.SessionTable.Values)
                {
                    _TcpMsgServer.SendText(sessionItem as Session, string.Format("{0}\n", msg));
                }
                SendtMsg = "发送成功";
            }
        }
        public static void ServerClose()
        {
            if (_TcpMsgServer != null)
            {
                _TcpMsgServer.Stop();
            }
        }
    }
}
```

4) 在"MainWindow. xaml"中添加如下代码，完成界面制作，详细代码参考源文件。

```
<Window x:Class="Demo8_9Server.MainWindow"
        xmlns="http://schemas.microsoft.com/winfx/2006/xaml/presentation"
        xmlns:x="http://schemas.microsoft.com/winfx/2006/xaml"
        Title="MainWindow" Height="350" Width="525">
    <Grid>
        ……
        </Grid>
    </Grid>
</Window>
```

5）在"MainWindow. xaml. cs"中添加如下代码：

```
namespace Demo8_9Server
{
    public partial class MainWindow : Window
    {
        TcpHelper tcp = null;
        public MainWindow()
        {
            InitializeComponent();
            this.Loaded += MainWindow_Loaded;
        }
        void MainWindow_Loaded(object sender, RoutedEventArgs e)
        {
            if (tcp == null)
            {
                tcp = new TcpHelper();
            }
        }
        private void btnSend_Click(object sender, RoutedEventArgs e)
        {
            TcpHelper.SendText(txtContext.Text);
            MessageBox.Show(TcpHelper.SendtMsg);
        }
    }
}
```

6）新建一个"Demo8_9Client1"WPF应用程序项目。

7）添加引用Comm. Utils、Comm. Bus. dll和Comm. Sys. dll。

8）在"MainWindow. xaml"中添加如下代码，完成界面制作，详细代码参考源文件。

```
<Window x:Class="Demo8_9Client1.MainWindow"
```

```
                  xmlns="http://schemas.microsoft.com/winfx/2006/xaml/presentation"
                  xmlns:x="http://schemas.microsoft.com/winfx/2006/xaml"
              Title="MainWindow" Height="350" Width="525">
        <Grid>
            ……
        </Grid>
    </Window>
```

9）在"MainWindow. xaml. cs"中添加如下代码：

```csharp
namespace Demo8_9Client1
{
    public partial class MainWindow : Window
    {
        private static Comm.Utils.TcpClient _TcpClient;
        public static string ResultMsg { get; set; }
        private int port = Convert.ToInt32(System.Configuration.ConfigurationManager.
AppSettings["port"].ToString());
        public MainWindow()
        {
            InitializeComponent();
            this.Loaded += MainWindow_Loaded;
        }
        void MainWindow_Loaded(object sender, RoutedEventArgs e)
        {
            if (_TcpClient == null)
            {
                _TcpClient = new TcpClient(NetHelper.GetLocalNetworkIP(), port);
            }
            if (!_TcpClient.IsConnected)
            {
                _TcpClient.Connect();
            }
            _TcpClient.ReceivedDatagram += _TcpClient_ReceivedDatagram;
        }
        void _TcpClient_ReceivedDatagram(object sender, NetEventArgs e)
        {
            string results = e.Client.Datagram;
            if (!string.IsNullOrWhiteSpace(results))
            {
                Application.Current.Dispatcher.Invoke(new Action(() =>
                {
                    txtbContext.Text = results;
```

```
                    })
                );
            }
        }
    }
}
```

10）使用同样的方法，再新建一个"Demo8_9Client2"WPF应用程序项目，程序代码与"Demo8_9Client1"类似。

11）同时启动服务器和两个客户端项目进行测试，就可以看到图8-14和图8-15所示的界面。

7．门口监控模块实现

【例8-10】在使用WPF开发的小区物业监控系统中，调用摄像头程序，实现门口监控，其运行结果如图8-16所示。

图8-16　门口监控

操作步骤如下：

1）新建一个"Dome8_10"WPF应用程序项目。

2）添加引用IPCameraDll.dll和System.Configuration，并且把MyCamer.dll复制到bin目录下。

3）在"MainWindow.xaml"中添加如下代码，完成界面制作，详细代码参考源文件。

```
<Window  x:Class="Demo8_10.MainWindow"
        xmlns="http://schemas.microsoft.com/winfx/2006/xaml/presentation"
        xmlns:x="http://schemas.microsoft.com/winfx/2006/xaml"
        Title="MainWindow" Height="457" Width="750">
    <Grid>
        ......
    </Grid>
</Window>
```

4）在"MainWindow.xaml.cs"中添加如下代码，需要引用IPCameraDll、MyCamerN、System.Configuration。

```csharp
namespace Demo8_10
{
    public partial class MainWindow : Window
    {
        private IPCamera _VedioAndController;
        public MainWindow()
        {
            InitializeComponent();
        }
        //实现"开始"按钮功能
        private void btnStart_Click(object sender, RoutedEventArgs e)
        {
            //判断btnStart按钮的Tag属性值，若为0则表示摄像头为关闭状态，则开启，否则关闭
            if (btnStart.Tag.ToString() == "0")
            {
                //若_VedioAndController摄像头操作类为null，表示未实例化，则初始化摄像头操作类
                if (_VedioAndController == null)
                    _VedioAndController = new IpCameraHelper(ConfigurationManager.AppSettings["RoundVedioIp"].ToString(), ConfigurationManager.AppSettings["RoundVedioUserName"].ToString(), ConfigurationManager.AppSettings["RoundVedioPassWord"].ToString(),
                        new Action<ImageEventArgs>((arg) =>
                        {
                            //arg.FrameReadyEventArgs.BitmapImage为摄像头返回的图像，将其赋值给img图片控件，用于显示图片
                            img.Source = arg.FrameReadyEventArgs.BitmapImage;
                        }));
                //开始显示摄像头图像
                _VedioAndController.StartProcessing();
                //将btnStart按钮的Content属性（按钮显示的文字）设置为关闭
                btnStart.Content = "关闭";
                //将btnStart按钮的Tag属性设置为1，表示摄像头为打开状态
                btnStart.Tag = "1";
            }
            else
            {
                //若_VedioAndController摄像头操作类不为null，则表示已实例化
                if (_VedioAndController != null)
                    _VedioAndController.StopProcessing();//关闭摄像头
                //将btnStart按钮的Content属性（按钮显示的文字）设置为打开
                btnStart.Content = "打开";
                //将btnStart按钮的Tag属性设置为0，表示摄像头为关闭状态
```

```
            btnStart.Tag  =  "0";
        }
    }
}
}
```

5）在App.config中配制视频IP地址、登录账号和密码，代码如下：

```xml
<?xml version="1.0" encoding="utf-8" ?>
<configuration>
    <startup>
        <supportedRuntime version="v4.0" sku=".NETFramework,Version=v4.5" />
    </startup>
  <appSettings>
    <!--视频监控IP-->
    <add key="RoundVedioIp" value="192.168.14.142"/>
    <add key="RoundVedioUserName" value="admin"/>
    <add key="RoundVedioPassWord" value=""/>
  </appSettings>
</configuration>
```

6）启动项目进行测试，就可以看到图8-16所示的界面。

工程案例

8．远程风扇模块实现

【例8-11】在使用WPF开发的小区物业监控系统中，调用ZigBee控制模块实现风扇的开启和关闭，其运行结果如图8-17所示。

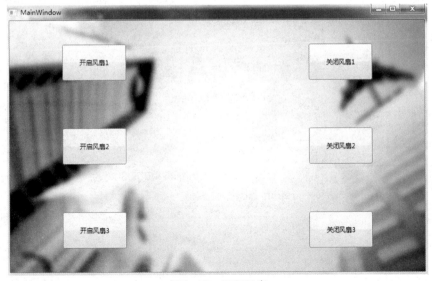

图8-17　远程风扇

操作步骤如下：

1）新建一个"Dome8_11"WPF应用程序项目。

2）新建串口帮助类"ComHelper.cs"，实现打开、关闭、读、写等功能。类的代码如下：

```
namespace Demo8_11
{
    public class ComHelper
    {
        public SerialPort CurrentSerialPort = null;
        public object mOpenLock = new object();
        // 构造函数
        public ComHelper(string strCom = "COM1", int baudRate = 9600)
        {
            CurrentSerialPort = new SerialPort();
            CurrentSerialPort.PortName = strCom;
            CurrentSerialPort.BaudRate = baudRate;
        }
        // 打开串口
        public bool Open()
        {
            if (!CurrentSerialPort.IsOpen)
            {
                //打开串口
                lock (mOpenLock)
                {
                    if (!CurrentSerialPort.IsOpen)
                    {
                        try
                        {
                            CurrentSerialPort.Open();
                        }
                        catch (Exception ex)
                        {
                            System.Windows.MessageBox.Show(ex.Message);
                            return false;
                        }
                    }
                }
            }
```

```
            return CurrentSerialPort.IsOpen;
    }
// 关闭串口
    public void Close()
    {
        if (CurrentSerialPort.IsOpen)
        {
            lock (mOpenLock)
            {
                if (CurrentSerialPort.IsOpen)
                {
                    CurrentSerialPort.Close();
                }
            }
        }
    }
    // 写入数据
public void Write(byte[] buffer, int offs, int count)
    {
        //清除缓冲区
        CurrentSerialPort.DiscardInBuffer();
        CurrentSerialPort.Write(buffer, offs, count);
    }
// 获取串口数据
private byte[] GetByteData()
    {
        Open();
        int bufferSize = CurrentSerialPort.BytesToRead;
        if (bufferSize <= 0)
            return null;
        byte[] readBuffer = new byte[bufferSize];
        int count = CurrentSerialPort.Read(readBuffer, 0, bufferSize);
        Close();
        return readBuffer;
    }
    private char[] ToBinary7(int value)
    {
        char[] chars = new char[7];
        value = value & 0xFF;
        for (int i = 6; i >= 0; i--)
        {
```

```
                    chars[i] = (value % 2 == 1) ? '1' : '0';
                    value /= 2;
                }
                return chars;
            }
        }
    }
```

3）在"MainWindow．xaml"中添加如下代码，完成界面制作，详细代码参考源文件。

```xml
<Window x:Class="Demo8_11.MainWindow"
        xmlns="http://schemas.microsoft.com/winfx/2006/xaml/presentation"
        xmlns:x="http://schemas.microsoft.com/winfx/2006/xaml"
        Title="MainWindow" Height="500" Width="800">
    <Grid>
        ......
    </Grid>
</Window>
```

4）在"MainWindow．xaml．cs"中添加如下代码，实现3个风扇的开关控制。

```csharp
namespace Demo8_11
{
    public partial class MainWindow : Window
    {
        //风扇1开关命令
        byte[] onFan1 = new byte[] { 0xFF, 0xF5, 0x05, 0x02, 0x01, 0x00, 0x00, 0x01, 0x03 };
        byte[] offFan1 = new byte[] { 0xFF, 0xF5, 0x05, 0x02, 0x01, 0x00, 0x00, 0x02, 0x02 };
        //风扇2开关命令
        byte[] onFan2 = new byte[] { 0xFF, 0xF5, 0x05, 0x02, 0x02, 0x00, 0x00, 0x01, 0x02 };
        byte[] offFan2 = new byte[] { 0xFF, 0xF5, 0x05, 0x02, 0x02, 0x00, 0x00, 0x02, 0x01 };
        //风扇3开关命令
        byte[] onFan3 = new byte[] { 0xFF, 0xF5, 0x05, 0x02, 0x03, 0x00, 0x00, 0x01, 0x01 };
        byte[] offFan3 = new byte[] { 0xFF, 0xF5, 0x05, 0x02, 0x03, 0x00, 0x00, 0x02, 0x00 };
        ComHelper comHelper = null;
        public MainWindow()
        {
            InitializeComponent();
        }
        // 开启风扇1
        private void btnOnFan1_Click(object sender, RoutedEventArgs e)
        {
            ControlFan(1, true);
        }
```

```
// 关闭风扇1
private void btnOffFan1_Click(object sender, RoutedEventArgs e)
{
    ControlFan(1, false);
}
// 开启风扇2
private void btnOnFan2_Click(object sender, RoutedEventArgs e)
{
    ControlFan(2, true);
}
// 关闭风扇2
private void btnOffFan2_Click(object sender, RoutedEventArgs e)
{
    ControlFan(2, false);
}
// 开启风扇3
private void btnOnFan3_Click(object sender, RoutedEventArgs e)
{
    ControlFan(3, true);
}
// 关闭风扇3
private void btnOffFan3_Click(object sender, RoutedEventArgs e)
{
    ControlFan(3, false);
}
// 控制串口
private void ControlFan(int id, bool onOff)
{
    string strCom = System.Configuration.ConfigurationManager.AppSettings["ComStr"].ToString();
    if (comHelper == null)
    {
        comHelper = new ComHelper(strCom, 38400);
    }
    if (!comHelper.Open())
    {
        MessageBox.Show("串口打开失败");
        return;
    }
    switch (id)
    {
        case 1:
```

```
                    if (onOff)
                    {
                        comHelper.Write(onFan1, 0, onFan1.Length);
                    }
                    else
                    {
                        comHelper.Write(offFan1, 0, offFan1.Length);
                    }
                    break;
                case 2:
                    if (onOff)
                    {
                        comHelper.Write(onFan2, 0, onFan2.Length);
                    }
                    else
                    {
                        comHelper.Write(offFan2, 0, offFan2.Length);
                    }
                    break;
                case 3:
                    if (onOff)
                    {
                        comHelper.Write(onFan3, 0, onFan3.Length);
                    }
                    else
                    {
                        comHelper.Write(offFan3, 0, offFan3.Length);
                    }
                    break;
            }
        }
    }
}
```

5）启动项目进行测试，就可以看到图8-17所示的界面。

8.6 小结

本章主要实现整个小区物业监控系统，根据前面几章所学的内容，综合实现了登录模块、环境监测模块、用户卡信息管理模块、门口路灯模块、社区安防模块、公共广播模块、门口监控模块和远程通风模块等内容。

学习本章首先要保证硬件设备连接无误，然后才能开发相应的程序。由于本章综合内容较多，因此建议学习时按模块分步学习。

8.7 习题

1. 简答题

1）请描述，在使用WPF开发的小区物业监控系统中，使用"中心服务器端登录模块接口"开发"Web端登录模块"和"PC端登录模块"的步骤。

2）请描述四模拟量数据采集模块：串口、温度、湿度、光照（PC端），实现环境监测的步骤。

3）请描述如何使用ZigBee控制模块（PC端）。

4）请描述如何在LED屏幕上显示特定的文字（PC端）。

2. 操作题

1）请参考前几章的内容，实现系统设置模块中用户密码的修改程序。

2）请使用第7章所学的内容，使用JSON完成本章第5节公共广播信息的推送。